essentials

essentials liefern aktuelles Wissen in konzentrierter Form. Die Essenz dessen, worauf es als „State-of-the-Art" in der gegenwärtigen Fachdiskussion oder in der Praxis ankommt. *essentials* informieren schnell, unkompliziert und verständlich

- als Einführung in ein aktuelles Thema aus Ihrem Fachgebiet
- als Einstieg in ein für Sie noch unbekanntes Themenfeld
- als Einblick, um zum Thema mitreden zu können

Die Bücher in elektronischer und gedruckter Form bringen das Expertenwissen von Springer-Fachautoren kompakt zur Darstellung. Sie sind besonders für die Nutzung als eBook auf Tablet-PCs, eBook-Readern und Smartphones geeignet. *essentials* Wissensbausteine aus den Wirtschafts-, Sozial- und Geisteswissenschaften, aus Technik und Naturwissenschaften sowie aus Medizin, Psychologie und Gesundheitsberufen. Von renommierten Autoren aller Springer-Verlagsmarken.

Weitere Bände in der Reihe http://www.springer.com/series/13088

Thomas Bornath · Günter Walter

Messunsicherheiten – Anwendungen

Für das Physikalische Praktikum

 Springer Spektrum

Thomas Bornath
Institut für Physik, Universität Rostock
Rostock, Deutschland

Günter Walter
Rostock, Deutschland

ISSN 2197-6708 ISSN 2197-6716 (electronic)
essentials
ISBN 978-3-658-30564-2 ISBN 978-3-658-30565-9 (eBook)
https://doi.org/10.1007/978-3-658-30565-9

Die Deutsche Nationalbibliothek verzeichnet diese Publikation in der Deutschen Nationalbibliografie; detaillierte bibliografische Daten sind im Internet über http://dnb.d-nb.de abrufbar.

Planung/Lektorat: Lisa Edelhaeuser
Springer Spektrum ist ein Imprint der eingetragenen Gesellschaft Springer Fachmedien Wiesbaden GmbH und ist ein Teil von Springer Nature.
Die Anschrift der Gesellschaft ist: Abraham-Lincoln-Str. 46, 65189 Wiesbaden, Germany

Was Sie in diesem *essential* finden können

- Den Umgang mit Messdaten und ihren Unsicherheiten, in knapper und anschaulicher Weise dargestellt
- Eine Zusammenstellung aller nötigen Formeln für die Bestimmung des Bestwertes und der Standardunsicherheit aus den Messdaten
- Die Bestimmung der kombinierten und erweiterten Messunsicherheit im Physikalischen Praktikum
- Praktische Hinweise für die Bestimmung von Unsicherheiten nach Typ B (nichtstatistische Methode)
- Die Dokumentation der Messunsicherheitsanalyse im Praktikumsprotokoll
- Konkrete Anleitungen zur Auswertung, einschließlich der Aufstellung eines Messunsicherheitsbudgets, anhand zahlreicher durchgerechneter Beispiele

Inhaltsverzeichnis

Einleitung 1

Die meisten Experimente im Physikalischen Praktikum führen zu einem quantitativen Ergebnis, dem Bestwert für die Messgröße. Unbedingt erforderlich neben der Angabe eines Zahlenwertes für die zu messende Größe sind Aussagen darüber, mit welcher Genauigkeit das Ergebnis ermittelt wurde [1–3]. Dazu ist die Messunsicherheit zu bestimmen, ein (nichtnegativer) Parameter, der definitionsgemäß „die Streuung derjenigen Werte charakterisiert, die der Messgröße zugeschrieben werden."

Die Terminologie und die Methoden für die Behandlung von Messunsicherheiten sind im „Leitfaden zur Angabe der Unsicherheit beim Messen" (engl.: Guide to the expression of uncertainty in measurement – GUM) [4] international standardisiert. Sie werden in vielen Bereichen des Messwesens und der Technik angewendet. Ziel unserer beiden Essentials zu „Messunsicherheiten" ist eine knappe und anschauliche Darstellung des Umgangs mit Messdaten und ihren Unsicherheiten für das Studium der Physik. In *Messunsicherheiten – Grundlagen* [5] analysieren wir das Wesen von Messabweichungen, die Messunsicherheit und ihren Zusammenhang mit Wahrscheinlichkeitsverteilungen. Ein weiterer Schwerpunkt ist die Vermittlung der Grundlagen der statistischen Auswertung von Messreihen und der Ausgleichsrechnung (Methode Typ A). Für die Bestimmung von Messunsicherheiten nach anderen als statistischen Methoden (Typ B Auswertung) geben wir in [5] einen grundsätzlichen Überblick.

Das vorliegende Essential *Messunsicherheiten – Anwendungen* konzentriert sich auf die Anwendung im Physikalischen Praktikum. Für die wesentlichen Typen von Messaufgaben stellen wir die konkrete Anwendung der Messunsicherheitsanalyse mit den dazugehörigen benötigten Formeln dar. Zum besseren Verständnis der Herangehensweise zeigen wir für jeden Aufgabentyp ein Beispiel, vollständig durchgerechnet, mit im Grundpraktikum gewonnenen Messdaten.

© Der/die Herausgeber bzw. der/die Autor(en), exklusiv lizenziert durch Springer Fachmedien Wiesbaden GmbH, ein Teil von Springer Nature 2020
T. Bornath und G. Walter, *Messunsicherheiten – Anwendungen,* essentials,
https://doi.org/10.1007/978-3-658-30565-9_1

Die Bestimmung von Unsicherheiten, die sich nicht mit Hilfe von statistischen Methoden (Typ A) ermitteln lassen, erfordert in vielen Fällen eine gewisse Erfahrung und Übung. In einem eigenen Kapitel zur Typ B Auswertung geben wir praktische Hinweise für das Schätzen der Unsicherheit zufälliger Abweichungen bei einzelnen Messungen. Darüber hinaus haben wir eine große Anzahl von Angaben zu Grenzabweichungen von Messgeräten für viele physikalische Größen wie Länge, Masse, Zeit, Temperatur, Volumen und Dichte sowie für elektrische Größen zusammengestellt.

Wir zeigen schließlich, wie die Versuchsdaten und ihre Auswertung bis zur Berechnung der kombinierten und erweiterten Messunsicherheit – ein entsprechendes Messunsicherheitsbudget eingeschlossen – ins Praktikumsprotokoll eingehen und wie sie diskutiert werden.

Bestwert und Standardunsicherheit

Die Auswertung einer physikalischen Messung ist erst vollständig, wenn sie eine Angabe über die Messunsicherheit einschließt. Die konkrete Anwendung der verschiedenen Methoden der Messunsicherheitsanalyse im Physikalischen Praktikum wollen wir für die folgenden Messaufgaben darstellen:

- Messung einer direkt messbaren Größe:
  - Messreihe,
  - einzelne Messung,
- Bestimmung einer nicht direkt messbaren Größe:
  - unkorrelierte Eingangsgrößen,
  - korrelierte Eingangsgrößen,
- Ausgleich von Messwerten durch eine Gerade,
- Messwerte ungleicher Genauigkeit.

Für die einzelnen Aufgaben haben wir die notwendigen Formeln und Gleichungen zusammengestellt. Überdies gibt es für jeden dieser Anwendungsfälle im Kap. 6 ein vollständig durchgerechnetes Beispiel.

© Der/die Herausgeber bzw. der/die Autor(en), exklusiv lizenziert durch Springer Fachmedien Wiesbaden GmbH, ein Teil von Springer Nature 2020
T. Bornath und G. Walter, *Messunsicherheiten – Anwendungen*, essentials,
https://doi.org/10.1007/978-3-658-30565-9_2

2.1   Messung einer direkt messbaren Größe

2.1.1   Messreihe

Die direkt messbare Größe[1] X wird n-mal gemessen. Bei der i-ten Messung lesen wir am Messgerät den Wert x_i ab. Der beste Schätzwert für den Erwartungswert ist das arithmetische Mittel:

$$\bar{x} = \frac{1}{n} \sum_{i=1}^{n} x_i. \qquad (2.1)$$

Auch das arithmetische Mittel ist wegen des endlichen Stichprobenumfangs eine Zufallsgröße und weist eine zufällige Abweichung vom Wert der Messgröße X auf. Dazu kommt eine Reihe von systematischen Abweichungen $\delta x_{S,j}$, die verschiedene Ursachen haben können (Abschn. 2.2 in [5]). Die beste Schätzung, x_{BE}, für die Messgröße X ist:

$$x_{\text{BE}} = \bar{x} - \Delta x_{S,1} - \Delta x_{S,2} - \dots. \qquad (2.2)$$

Die $\Delta x_{S,j}$ sind die Erwartungswerte der systematischen Abweichungen, sie führen zu Korrektionen. Für nicht erfassbare systematische Abweichungen wird ein Erwartungswert Null angenommen: $\Delta x_{S,k} = 0$.

Die Standardunsicherheit des Bestwertes ist

$$u_x = \sqrt{s_{\bar{x}}^2 + \sum_{j=1}^{J} u^2(\delta x_{S,j})}. \qquad (2.3)$$

---

[1]Im Folgenden werden wir Messgrößen mit Großbuchstaben kennzeichnen, Messwerte dagegen mit Kleinbuchstaben, z. B. X bzw. x_i.

Die einzelnen Beiträge unter der Wurzel in Gl. (2.3) ermitteln wir nach der Methode Typ A bzw. Typ B.

Typ A Auswertung
Die zufälligen Abweichungen können mit statistischen Methoden charakterisiert werden. Während die Stichproben-Standardabweichung s_x ein Maß für die Streuung der einzelnen Werte der Messreihe ist, charakterisiert die Standardabweichung des Mittelwertes $s_{\bar{x}}$ die Abweichung des arithmetischen Mittels vom wahren Wert:

$$s_{\bar{x}} = \frac{s_x}{\sqrt{n}} \quad \text{mit} \quad s_x = \sqrt{\frac{1}{(n-1)} \sum_{i=1}^{n} (x_i - \bar{x})^2}. \tag{2.4}$$

Typ B Auswertung
Häufig liegen für die im Praktikum verwendeten Messgeräte Herstellerangaben in Datenblättern vor, aus denen eine symmetrische Ober- und Untergrenze für die Eingangsgröße hervorgehen. Andernfalls können die in Abschn. 4.2 aufgeführten Grenzabweichungen aus technischen Normen für eine Abschätzung verwendet werden. Aus diesen Angaben schlussfolgern wir, dass der wahre Wert der Messgröße X mit Sicherheit in einem bestimmten Bereich um den angezeigten Wert, $[x_{\text{read}} - a, x_{\text{read}} + a]$, liegt und wir der Eingangsgröße eine rechteckförmige Wahrscheinlichkeitsdichtefunktion zuordnen können. Die Standardunsicherheit ist dann:

$$u(\delta x_G) = \frac{a}{\sqrt{3}}. \tag{2.5}$$

In eventuell vorliegenden Kalibrierscheinen werden für das Messinstrument systematische Abweichungen Δx_S ausgewiesen, zusätzlich wird die erweiterte Unsicherheit $U = k \cdot u(\delta x_S)$ für eine Überdeckungswahrscheinlichkeit ungefähr 95 % sowie der Erweiterungsfaktor k angegeben. Bei einem Erweiterungsfaktor $k = 2$ für $p \approx 95$ % wurde eine Normalverteilung zugrunde gelegt. Die Standardmessunsicherheit der systematischen Abweichung ist

$$u(\delta x_S) = U/2. \tag{2.6}$$

Für das Beispiel *Messung der Schwingungsdauer eines Fadenpendels mit einer Digital-Stoppuhr in einer Messreihe* siehe Abschn. 6.1.

2.1.2 Einzelne Messung

Sollte es nicht möglich oder nicht sinnvoll sein, für die Messgröße eine Reihe wiederholter Messungen durchzuführen, gibt es nur einen abgelesenen Wert x_{read} für die Messgröße X. Wir erhalten für den Bestwert:

$$x_{\text{BE}} = x_{\text{read}} - \Delta x_{S,1} - \Delta x_{S,2} - \dots . \tag{2.7}$$

Die Standardunsicherheit der Größe X bei einer einzelnen Messung ist:

$$u_x = \sqrt{u^2(\delta x_Z) + \sum_{j=1}^{J} u^2(\delta x_{S,j})}. \tag{2.8}$$

Typ B Auswertung

In diesem Fall ermitteln wir alle Beiträge unter der Wurzel in Gl. (2.8) nach der Typ B Methode, insbesondere also auch die Standardunsicherheit $u(\delta x_Z)$. Im Abschn. 4.1 des vorliegenden Bandes haben wir Schätzwerte für die betragsmäßige Obergrenze, a, zufälliger Abweichungen

- bei der Ablesung von Skaleninstrumenten und
- für die Handstoppung von Zeiten

angegeben. Eine sinnvolle Annahme für die Wahrscheinlichkeitsdichtefunktion bei der Interpolation von Skalenteilungswerten ist oftmals die Dreiecksverteilung über einem Intervall der Breite $2a$, siehe Abb. A.3 im Anhang A. Die Standardunsicherheit ist dann:

$$u(\delta x_Z) = \frac{a}{\sqrt{6}}. \tag{2.9}$$

Für die Standardunsicherheit der Auslöseunsicherheit der Zeitmessung wird dagegen eine Rechteckverteilung zugrunde gelegt:

$$u(\delta x_Z) = \frac{a}{\sqrt{3}}. \tag{2.10}$$

Bei Zählversuchen (radioaktive Strahlung) gilt für die Anzahl Z der in einem Zeitintervall registrierten Impulse die Poisson-Verteilung, siehe Abb. A.4 im Anhang A. Die Standardunsicherheit für eine einmalige Messung ist dann

$$u(\delta x_Z) = \sigma_Z = \sqrt{Z}. \tag{2.11}$$

Für das Beispiel *Messung der Länge eines Fadenpendels mit einem Stahlmaßstab in einer einzelnen Messung* siehe Abschn. 6.2.

2.2 Nicht direkt messbare Größe

Die zu bestimmende physikalische Größe Z ist selbst nicht direkt messbar, sondern muss aus direkt messbaren Größen $X, Y, \ldots$ bestimmt werden. Die physikalische Modellgleichung sei bekannt:

$$Z = F(X, Y, \ldots). \tag{2.12}$$

Die Messgrößen $X, Y, \ldots$ wurden entweder in Messreihen (Abschn. 2.1.1) oder in jeweils einer einmaligen Messung (Abschn. 2.1.2) gemessen, mit dem Ergebnis:

$$X : x_{BE}, u_x, \qquad Y : y_{BE}, u_y, \tag{2.13}$$

wobei x_{BE} und y_{BE} nach Gl. (2.2) bzw. (2.7) und u_x und u_y nach Gl. (2.3) bzw. (2.8) bestimmt wurden.

Die beste Schätzung, z_{BE}, für die Ergebnisgröße Z erhalten wir einfach durch Einsetzen der Bestwerte in den formelmäßigen Zusammenhang[2]:

---

[2]Voraussetzung für dieses Vorgehen ist die Gültigkeit der sogenannten linearen Näherung, siehe Anhang B.3 in [5]. In der Praxis sollten dafür die relativen Abweichungen, u_x/x_{BE}, u_y/y_{BE} usw. kleiner als 10% sein.

$$z_{BE} = F(x_{BE}, y_{BE}, \dots). \qquad (2.14)$$

Die Unsicherheiten der Eingangsgrößen, u_x und u_y, führen zu einer Unsicherheit $u_c(z)$ des ermittelten Bestwertes der Ergebnisgröße Z, die als **kombinierte Standardunsicherheit** [4] bezeichnet wird. Bei der Bestimmung dieser kombinierten Standardunsicherheit sind zwei Fälle zu unterscheiden:

1. unkorrelierte Messgrößen,
2. Korrelationen zwischen einzelnen Eingangs- oder Einflussgrößen.

2.2.1 Kombinierte Standardunsicherheit für unkorrelierte Eingangsgrößen

Für unkorrelierte Eingangsgrößen gilt in der linearen Näherung ein quadratisches Fortpflanzungsgesetz[3]

$$u_c(z) = \sqrt{\left(\frac{\partial F}{\partial x}\right)^2_{|x=x_{BE}} u_x^2 + \left(\frac{\partial F}{\partial y}\right)^2_{|y=y_{BE}} u_y^2 + \dots,} \qquad (2.15)$$

wobei $u_x, u_y, \dots$ die Standardunsicherheiten der Eingangsgrößen sind. Mit den Empfindlichkeitskoeffizienten (engl.: sensivity coefficient, SC)

$$c_x = \frac{\partial F}{\partial x}_{|x=x_{BE}}, \quad c_y = \frac{\partial F}{\partial y}_{|y=y_{BE}} \dots \qquad (2.16)$$

lautet die Gleichung:

$$u_c(z) = \sqrt{c_x^2 u_x^2 + c_y^2 u_y^2 + \dots}. \qquad (2.17)$$

---

[3]Im Fall, dass systematische Abweichungen Null gesetzt werden können, entspricht dies dem Gaußschen Fortpflanzungsgesetz.

Tab. 2.1 Rechenregeln zum quadratischen Fortpflanzungsgesetz für unkorrelierte Eingangsgrößen x, y, z, w mit den Standardunsicherheiten u_x, u_y, u_z, u_w; a und b sind Konstanten

Funktion	Varianz
$F = x \pm y$	$u_c^2(F) = u_x^2 + u_y^2$
$F = a \cdot \frac{x \cdot y}{z}$	$\left(\frac{u_c(F)}{F} \right)^2 = \left(\frac{u_x}{x} \right)^2 + \left(\frac{u_y}{y} \right)^2 + \left(\frac{u_z}{z} \right)^2$
$F = a \cdot x^m \cdot \sqrt[n]{y}$	$\left(\frac{u_c(F)}{F} \right)^2 = m^2 \cdot \left(\frac{u_x}{x} \right)^2 + \left(\frac{1}{n} \right)^2 \cdot \left(\frac{u_y}{y} \right)^2$
$F = \frac{z \cdot w}{ax + by} = \frac{h(z,w)}{g(x,y)}$	$\left(\frac{u_c(F)}{F} \right)^2 = \left(\frac{u_c(h)}{h} \right)^2 + \left(\frac{u_c(g)}{g} \right)^2$ mit $\left(\frac{u_c(h)}{h} \right)^2 = \left(\frac{u_z}{z} \right)^2 + \left(\frac{u_w}{w} \right)^2$ $u_c^2(g) = a^2 u_x^2 + b^2 u_y^2$

Nicht in allen Fällen müssen die partiellen Ableitungen, (2.16), explizit gebildet werden: Für einfache Funktionen F lassen sich nützliche Rechenregeln für die Bestimmung kombinierter Standardunsicherheiten formulieren, siehe Tab. 2.1.

Für ein Beispiel *Bestimmung der Erdbeschleunigung aus der Länge und der Schwingungsdauer eines Fadenpendels* siehe Abschn. 6.3.

2.2.2 Kombinierte Standardunsicherheit für korrelierte Eingangsgrößen

Eine häufige Ursache für Korrelationen zwischen Eingangsgrößen ist die Nutzung desselben Messinstruments, desselben Normals oder derselben Maßverkörperung für die Messung verschiedener Eingangsgrößen. Korrelationen zwischen Eingangsgrößen können auch als Effekt gemeinsamer Einflussgrößen wie Umgebungstemperatur, Luftdruck, Luftfeuchtigkeit usw. entstehen, diese sind meistens aber klein und vernachlässigbar. Allgemein können wir davon ausgehen, dass zufällige und systematische Abweichungen nicht miteinander korreliert sind.

Wir nehmen hier zur Vereinfachung an, dass die systematischen Abweichungen jeweils nur eine Komponente δx_S, δy_S, ... besitzen. Die kombinierte Messunsicherheit ergibt sich aus

$$u_c^2(z) = c_x^2 \left[s_{\bar{x}}^2 + u^2(\delta x_S) \right] + c_y^2 \left[s_{\bar{y}}^2 + u^2(\delta y_S) \right] \qquad (2.18)$$
$$+ 2c_x c_y \left[s_{\bar{x}\bar{y}} + u(\delta x_S, \delta y_S) \right] + \ldots,$$

mit der Kovarianz $s_{\bar{x}\bar{y}}$ der zufälligen Abweichungen und der Kovarianz

$$u(\delta x_S, \delta y_S) = u(\delta y_S, \delta x_S)$$

der beiden systematischen Abweichungen δx_S und δy_S. Diese zusätzlich in Gl. (2.18) auftretenden Beiträge müssen wir nach Methode Typ A bzw. Typ B ermitteln.

Typ A Auswertung
Korrelationen der zufälligen Abweichungen zweier Größen können experimentell bestimmt werden. Dazu sind in einer Messreihe von n Messungen Sätze von Messwerten x_i, y_i aufzunehmen. Die Kovarianz s_{xy},

$$s_{xy} = \frac{1}{n-1} \sum_{i=1}^{n} (x_i - \bar{x})(y_i - \bar{y}), \qquad (2.19)$$

ist ein Maß für die Korrelation zwischen den Schwankungen der beiden Größen um ihre jeweiligen Mittelwerte. Der Zahlenwert der Kovarianz ist von der Schwankung jeder der beiden Größen abhängig. Ein normiertes Maß für die Abhängigkeit der beiden Größen x und y ist der lineare Korrelationskoeffizient r_{xy} gemäß

$$r_{xy} = \frac{s_{xy}}{s_x \cdot s_y}. \qquad (2.20)$$

Mit $s_{\bar{x}\bar{y}} = s_{xy}/n$ sowie den bekannten Relationen $s_{\bar{x}} = s_x/\sqrt{n}$ und $s_{\bar{y}} = s_y/\sqrt{n}$ gilt

$$s_{\bar{x}\bar{y}} = r_{xy} \cdot s_{\bar{x}} \cdot s_{\bar{y}}. \qquad (2.21)$$

Typ B Auswertung
Ein normiertes Maß für die Korrelation zwischen den systematischen Abweichungen ist der lineare Korrelationskoeffizient R_{xy}:

$$R_{xy} = \frac{u(\delta x_S, \delta y_S)}{u(\delta x_S) \cdot u(\delta y_S)}. \tag{2.22}$$

Im Fall von Typ B Unsicherheiten müssen die Eingangsgrößen kontrolliert verändert werden, um so Erkenntnisse über Korrelationen gewinnen zu können. Werden zwei Eingangsgrößen mit demselben Messgerät gemessen, können wir in manchen Fällen davon ausgehen, dass die entsprechenden systematischen Abweichungen vollständig korreliert sind. Mit $R_{xy} = 1$ gilt:

$$u(\delta x_S, \delta y_S) = 1 \cdot u(\delta x_S) \cdot u(\delta y_S). \tag{2.23}$$

Für ein Beispiel zur *Bestimmung des Quotienten zweier Größen, die mit demselben Messgerät gemessen wurden,* siehe Abschn. 6.4.

2.3   Ausgleich von Messwerten durch eine Gerade

In den oben betrachteten Messreihen wurden Daten aus der wiederholten Messung ein und derselben Messgröße unter denselben Messbedingungen ermittelt. Hier wollen wir die n-fache Messung von zwei physikalischen Größen X und Y unter variierenden Bedingungen betrachten. Als Ergebnis erhalten wir n Wertepaare, $(x_1, y_1), \ldots, (x_n, y_n)$. Zwischen den Messgrößen Y und X bestehe ein linearer Zusammenhang,

$$Y = A\,X + B. \tag{2.24}$$

Wichtige Voraussetzung für das Folgende ist, dass die Messwerte von Y zufällige Abweichungen vom wahren Wert aufweisen, während die Abweichungen der eingestellten Werte x_i vernachlässigbar klein sein sollen.

Die Aufgabe besteht nun darin, Bestwerte a und b für die Konstanten A und B so zu bestimmen, dass die Messdaten $(x_1, y_1), \ldots, (x_n, y_n)$ bestmöglich ausgeglichen werden. Mit anderen Worten muss der Graph der Funktion, die Gerade mit Anstieg a und y-Achsenabschnitt b, die Punkteschar $P_i(x_i, y_i)$ bestmöglich approximieren. Mit der Methode der kleinsten Quadrate werden die Bestwerte wie folgt[4] bestimmt:

---

[4] Auf die Angabe der Summationsgrenzen, $i = 1$ bis n, haben wir hier zur besseren Übersicht verzichtet.

$$a = \frac{n\left(\sum x_i\, y_i\right) - \left(\sum x_i\right)\left(\sum y_i\right)}{n\left(\sum x_i{}^2\right) - \left(\sum x_i\right)^2}, \quad b = \frac{\left(\sum x_i^2\right)\left(\sum y_i\right) - \left(\sum x_i\right)\left(\sum x_i\, y_i\right)}{n\left(\sum x_i^2\right) - \left(\sum x_i\right)^2}.$$

(2.25)

Die Standardunsicherheiten sind

$$s_a = s_y\sqrt{\frac{n}{n\left(\sum x_i^2\right) - \left(\sum x_i\right)^2}}, \quad s_b = s_y\sqrt{\frac{\sum x_i^2}{n\left(\sum x_i^2\right) - \left(\sum x_i\right)^2}}.$$

(2.26)

In der Zahl der Freiheitsgrade $\nu = n - 2$ in der Standardunsicherheit der y-Werte,

$$s_y = \sqrt{\frac{1}{n-2}\sum (y_i - a x_i - b)^2}, \tag{2.27}$$

ist berücksichtigt, dass für die Bestimmung einer Geraden mindestens zwei Messwertpaare erforderlich sind. Die Auswertung erfolgt zweckmäßigerweise mit Taschenrechnern, die über Statistikfunktionen verfügen, oder mit im Praktikum verfügbaren Programmen.

Für ein Beispiel zur *Bestimmung des Elastizitätsmoduls eines Messingstabes aus der Messung der Biegung bei unterschiedlichen Belastungen* siehe Abschn. 6.5.

Sonderfall: $Y = A X$

Kann aus der Kenntnis des physikalischen Sachverhaltes eine Abhängigkeit zwischen den physikalischen Größen Y und X der Form $Y = A X$ angenommen werden, sind der Bestwert a und die Standardabweichung s_a durch die folgenden Ausdrücke gegeben:

$$a = \frac{\sum x_i \, y_i}{\sum x_i^2}, \quad s_a = \frac{1}{\sqrt{\sum x_i^2}} \sqrt{\frac{1}{n-1} \sum (y_i - a x_i)^2}. \tag{2.28}$$

Sonderfall: $Y = \pm X + B$

Für den speziellen Fall, dass zwischen zwei physikalischen Größen ein linearer Zusammenhang $Y = X + B$ bzw. $Y = -X + B$ besteht, gilt

$$b = \bar{y} \mp \bar{x}, \quad s_b = \frac{1}{\sqrt{n}} \sqrt{\frac{1}{n-1} \sum (y_i \mp x_i - b)^2}.$$

Linearisierte Zusammenhänge

Einige Funktionen können in einfacher Weise so transformiert werden, dass sie als lineare Funktionen behandelt werden können. In der Physik sind die wichtigsten dieser Beziehungen die Exponentialfunktion und die Potenzfunktion, für Details siehe Abschn. 4.3.3 in *Messunsicherheiten – Grundlagen* [5].

2.4   Messwerte ungleicher Genauigkeit

Wenn für eine Messgröße Y verschiedene Messergebnisse (Bestwerte) $y_1, \ldots, y_n$ vorliegen, die sich aus n Messreihen (Stichproben) mit ungleicher Genauigkeit ergeben haben, kann es sinnvoll sein, einen gewichteten Mittelwert zu bilden. Die Messgrößen seien mit den Standardunsicherheiten $u(y_1), \ldots, u(y_n)$ behaftet. Für den Bestwert b erhalten wir den gewichteten Mittelwert,

$$b = \frac{\sum_{i=1}^{n} w_i \, y_i}{\sum_{i=1}^{n} w_i}. \tag{2.29}$$

Durch das Gewicht $w_i = 1/u^2(y_i)$ trägt ein Wert y_i, der mit geringerer Genauigkeit als die anderen erhalten wurde, sehr viel weniger zum Endergebnis bei.

Neben der internen Unsicherheit,

$$u_{\text{int}}(b) = \sqrt{\frac{1}{\sum_{i=1}^{n} \frac{1}{u^2(y_i)}}}, \qquad (2.30)$$

sollte auch die sogenannte externe Standardunsicherheit

$$u_{\text{ext}}(b) = \sqrt{\frac{\sum_{i=1}^{n} w_i (y_i - b)^2}{(n-1) \sum_{i=1}^{n} w_i}}, \qquad (2.31)$$

berechnet werden. In der Praxis wird der größere der beiden Werte zusammen mit dem gewichteten Mittelwert angegeben.

Für ein Beispiel zum *gewichteten Mittelwert aus den Ergebnissen zweier Messreihen für die Schwingungsdauer eines Fadenpendels* siehe Abschn. 6.6.

Erweiterte Unsicherheit

Aus dem Bestwert z_{BE} und der kombinierten Standardunsicherheit $u_c(z)$ bilden wir das Überdeckungsintervall $[z_{BE} - U, z_{BE} + U]$. Die Größe

$$U = k \cdot u_c(z) \tag{3.1}$$

wird als *erweiterte Unsicherheit* bezeichnet. Das Überdeckungsintervall schließt mit einer bestimmten Wahrscheinlichkeit p (engl.: coverage probability oder level of confidence) den wahren Wert der physikalischen Größe Z ein. Eine Vergleichbarkeit von Messergebnissen und ihren Unsicherheiten ist nur bei gleichen Überdeckungswahrscheinlichkeiten p gegeben. Allgemein gilt in der Messtechnik eine Überdeckungswahrscheinlichkeit $p \approx 95\,\%$ als Standard.

Für die Bestimmung des entsprechenden Erweiterungsfaktors k ist im Prinzip die Kenntnis der Wahrscheinlichkeitsdichtefunktion f_Z nötig. Für viele Messaufgaben in einem breiten Anwendungsbereich – insbesondere auch im Physikalischen Praktikum – können wir jedoch nach dem Zentralen Grenzwertsatz davon ausgehen, dass die Wahrscheinlichkeitsdichtefunktion näherungsweise eine Gaußfunktion ist, vgl. Abschn. 3.5 in *Messunsicherheiten – Grundlagen* [5].

T. Bornath und G. Walter, *Messunsicherheiten – Anwendungen,* essentials, https://doi.org/10.1007/978-3-658-30565-9_3

Des Weiteren gehen wir davon aus, dass die Typ A-Unsicherheiten aus Messreihen mit nicht weniger als $n = 10$ Messwerten berechnet wurden und für die Bestimmung der Typ B-Unsicherheiten Grenzabweichungen zugrunde liegen. Unter diesen Voraussetzungen folgen wir den Schlussfolgerungen in [4] und verzichten darauf, für den Schätzwert der kombinierten Standardunsicherheit, der aus einer endlichen Stichprobe ermittelt wurde, die tatsächliche Verteilung, eine Student-t-Verteilung (siehe Abschnitt 4.1.3 in [5]), mit einer effektiven Zahl von Freiheitsgraden [4] zu bestimmen. Eher kann angenommen werden, dass die Überdeckungswahrscheinlichkeit für den Faktor $k = 2$ nur wenig vom Wert $p \approx 95\,\%$ abweichen wird. Wir empfehlen für das Praktikum daher die Wahl eines Erweiterungsfaktors

$$k = 2$$

für eine Überdeckungswahrscheinlichkeit $p \approx 95\,\%$.[1]

---

[1]Von der Wahl $k = 2$ ist allerdings abzuweichen, falls bei der Bestimmung von $u_c(z)$ der Beitrag einer einzelnen Eingangsgröße dominant ist, deren PDF keine Gaußfunktion ist, vgl. Abschn. 3.5 in [5].

Typ B Auswertung: Nichtstatistische Methode

4

Unsicherheiten, die nicht mit Hilfe von statistischen Methoden ermittelt werden, müssen mit der sogenannten Typ B Auswertung erfasst werden. Generell gilt dies für die Abschätzung systematischer Abweichungen. In manchen Fällen sind wir jedoch auch bei den zufälligen Abweichungen auf Schätzungen der Unsicherheit angewiesen, weil keine Messreihe durchgeführt wurde[1]. Das trifft zu, wenn es gar nicht möglich ist, die Messung unter identischen Bedingungen mehrfach zu wiederholen – z. b. beim Mischen von Flüssigkeiten oder bei Spannungs-, Dehnungsmessungen eines Drahtes – oder aber, wenn es nicht sinnvoll ist, Messreihen aufzunehmen, z. B. wenn das Auflösungsvermögen des Messgerätes nicht hoch genug ist. Im Abschn. 4.1 haben wir einige Regeln für das Schätzen von Obergrenzen für zufällige Abweichungen aufgeführt.

Ansätze für die Erfassung systematischer Abweichungen und die sie charakterisierenden Unsicherheiten haben wir ausführlich in Kap. 5 unseres Essentials *Messunsicherheiten – Grundlagen* [5] beschrieben. Eine der wichtigsten Quellen für Informationen sind Herstellerangaben über Grenzabweichungen der verwendeten Messgeräte und Maßverkörperungen. Für den Fall, dass im Praktikum keine Datenblätter von Herstellern zur Verfügung stehen, haben wir in Abschn. 4.2 Grenzabweichungen insbesondere aus technischen Standards zusammengestellt. Aufgeführt sind Grenzabweichungen von Messinstrumenten und Maßverkörperungen für viele physikalische Größen, wie Länge, Masse, Zeit, Temperatur, Volumen und Dichte sowie elektrische Größen. Diese Werte können auch bei der Vorbereitung eines Experimentes als Orientierung dienen.

---

[1]Es ist in jedem Fall empfehlenswert, schon vor Beginn eines Experimentes die zufälligen Abweichungen der einzelnen Messgrößen abzuschätzen, weil daraus Hinweise über die Durchführung und die Auswertung des Versuchs gewonnen werden können. Wie groß muss der Umfang von Messreihen sein, reicht eventuell auch eine einmalige Messung?

© Der/die Herausgeber bzw. der/die Autor(en), exklusiv lizenziert durch Springer Fachmedien Wiesbaden GmbH, ein Teil von Springer Nature 2020
T. Bornath und G. Walter, *Messunsicherheiten – Anwendungen,* essentials,
https://doi.org/10.1007/978-3-658-30565-9_4

Aus den angegebenen Obergrenzen für zufällige und systematische Abweichungen können wir Standardunsicherheiten bestimmen. Dazu wird den Informationen über die Eingangsgröße – das kann die Messgröße sein oder eine Einflussgröße – eine Wahrscheinlichkeitsverteilung zugeordnet. Typische Beispiele sind:

1. Angaben aus Kalibrierscheinen – Normalverteilung,
2. Grenzabweichungen – Rechteckverteilung,
3. Interpolationen – Dreiecksverteilung,
4. Zählmessungen – Poisson-Verteilung.

Die entsprechende Standardabweichung geht dann als Standardunsicherheit in die kombinierte Messunsicherheit der Ergebnisgröße ein.

4.1   Abschätzung zufälliger Unsicherheiten

Die Ableseunsicherheit bei Skaleninstrumenten resultiert aus Abweichungen bei der Interpolation der Messmarke zwischen zwei Teilstrichen und der Parallaxenabweichung. Auch die Ablesung bei gekrümmten Flüssigkeitsoberflächen (Meniskus) ist mit Unsicherheiten behaftet. Tab. 4.1 fasst einige typische Schätzwerte für die betragsmäßige Obergrenze, a, zufälliger Abweichungen zusammen.

Im speziellen Fall der Interpolation können wir oftmals davon ausgehen, dass die Wahrscheinlichkeitsdichtefunktion ein Maximum beim interpolierten Wert hat. Eine sinnvolle Annahme für die Wahrscheinlichkeitsdichtefunktion der zufälligen

Tab. 4.1 Schätzwerte für die betragsmäßige Obergrenze zufälliger Abweichungen

Physikalische Messgröße	Gerät	Obergrenze a zufälliger Abweichungen
	Maßstab mit mm-Teilung	0,3 bis 0,5 mm
Länge	Messschieber, Skalenteilung 0,1 mm	0,05 mm
	Messschraube, Skalenteilung 0,01 mm	0,005 mm
Temperatur	Thermometer, Skalenteilung 0,5 °C	0,25 K
Volumen	Messzylinder, Skalenteilung 1 ml	0,5 ml
Dichte	Aräometer	0,5 Skt
Zeit	Auslöseunsicherheit bei Handstoppung	ungefähr 0,25 s (0,1 bis 0,3 s)

Abweichungen ist dann die Dreiecksverteilung, Abb. A.3 im Anhang A, mit der Standardunsicherheit $u(\delta x_Z) = a/\sqrt{6}$.

Messgeräte mit Skalenanzeige
Der große Vorteil analoger Messinstrumente besteht darin, dass sie visuell leicht zu überwachen sind. Schwankungen oder Trends sind intuitiv erfassbar. Bei der Ablesung ist die Übereinstimmung des Zeigers mit Teilstrichen bzw. der Betrag von Bruchteilen eines Skalenteilungswertes durch den Beobachter zu beurteilen. Die Unsicherheit der Ablesung hängt von verschiedenen Faktoren ab: vom Skalenteilungswert, von der Teilungsstrich- und Zeigerbreite, vom Beobachter selbst und von den Versuchsbedingungen, für Beispiele siehe Tab. 4.1.

Messgeräte mit Ziffernanzeige
Digitale Messinstrumente sind relativ leicht zu bedienen. Die Ablesung des Messwertes erfolgt mit einer gewissen Anzahl von Ziffern[2]. **Es ist keine weitere Ableseunsicherheit zu betrachten.** Der Grund dafür ist der folgende: Bei der Wandlung analoger Messsignale in Zahlen entsteht zwar die Quantisierungsabweichung, die mit einer Rundung verbunden ist, weil in der digitalen Darstellung nur diskrete Werte verwendet werden. Zusammen mit der Nullpunktabweichung ist diese Abweichung aber bereits in den entsprechenden Angaben für die Grenzabweichung[3] enthalten, vgl. die Angaben zu Digitalmultimetern im Abschn. 4.2.7.

4.2   Grenzabweichungen von Messinstrumenten und Maßverkörperungen

Quelle für die hier aufgeführten Informationen über Grenzabweichungen sind insbesondere technische Normen. Diese umfassen nationale Normen (DIN – Deutsches Institut für Normung, VDE – Verband Deutscher Elektrotechniker), europäische Normen (EN), die von dem Committee for Standardization (CEN), dem European Committee for Electrotechnical Standardization (CENELEC) oder dem European Telecommunications Standards Institute (ETSI) bestätigt worden sind, und internationale Normen (ISO – International Organization for Standardization, IEC – International Electrotechnical Commission). Eine Angabe DIN EN ISO 9001:2015, z. B., gibt die Nummer der Norm und das Datum der letzten Revision an.

---

[2]Um die Messunsicherheit zu minimieren, sollte der Messbereich immer so gewählt werden, dass die zu messende Größe durch möglichst viele Ziffern angezeigt wird.

[3]Die Grenzabweichung für diesen Beitrag beträgt mindestens 1 Digit, d. h. mindestens 1 Ziffernschritt auf der niedrigstwertigen Stelle.

4.2.1 Messung von Längen

Längenmaße nach Richtlinie 2014/32/EU

In der Richtlinie 2014/32/EU wird der Umgang mit Maßverkörperungen geregelt. Zu den verkörperten Längenmaßen gehören feststehende Maßstäbe (Stahlmaßstäbe, Holzmaßstäbe), Gliedermaßstäbe (gefertigt aus Holz, Metall, Kunststoff), Messbänder. Die wichtige Information, ob für das verwendete Messgerät diese EU- Richtlinie zutrifft, finden wir im Anfangsbereich der Maßskala. Dort ist die entsprechende Genauigkeitsklasse – I, II oder III in einem Oval, oftmals zusammen mit der EG-Zulassungsnummer – markiert. Grenzabweichungen für die drei unterschiedenen Genauigkeitsklassen sind in Tab. 4.2 aufgeführt.

Strichmaßstäbe aus Stahl

Für Strichmaßstäbe aus Stahl nach DIN 866 gelten bedeutend kleinere Grenzabweichungen als diejenigen, die in der Richtlinie 2014/32/EU festgelegt sind, vgl. Tab. 4.2 und 4.3. In der Norm DIN 866 werden zwei Formen von Strichmaßstäben aus Stahl unterschieden: Bei der Form A liegt zwischen Stirnfläche und Skalenwert 0 des Maßstabes ein Abstand von 5 mm, bei der Form B fällt die Stirnfläche mit dem ersten Teilungsstrich, Skalenwert 0, zusammen. Die in der Tab. 4.3 angegebenen

Tab. 4.2 Grenzabweichungen für verkörperte Längenmaße nach Richtlinie 2014/32/EU

Zu messende Länge L in m	Grenzabweichung in mm		
	Klasse I	Klasse II	Klasse III
$L \leq 1$	0,2	0,5	1,0
$1 < L \leq 2$	0,3	0,7	1,4
$2 < L \leq 3$	0,4	0,9	1,8

Tab. 4.3 Grenzabweichungen von Strichmaßstäben aus Stahl nach DIN 866:2006

Gesamtteilungslänge in mm	Grenzabweichung in mm	
	Form A	Form B
500 und 1000	0,04	0,10
1500 und 2000	0,06	0,15
3000	0,08	0,20

Tab. 4.4 Grenzabweichungen für Messschieber nach DIN 862:2015

Zu messende Länge in mm	Grenzabweichung in mm		
	Skalen- bzw. Noniusteilungswert		Ziffernschrittwert
	0,1 und 0,05 mm	0,02 mm	0,01 mm
50	0,05		0,02
100			
200			0,03
300			

Tab. 4.5 Grenzabweichungen für Bügelmessschrauben nach DIN 863-1:2017

Messbereich in mm	Grenzabweichung in mm
0-25 und 25-50	0,004
50-75 und 75-100	0,005

Grenzabweichungen gelten für jeden beliebigen Teilungsabschnitt, insbesondere also auch für die Gesamtteilungslänge.

Messschieber und Messschrauben

In DIN 862 werden für Messschieber mit analoger Ablesung (entweder mit Hilfe eine Noniusskala oder einer Rundskala) sowie für Messschieber mit Ziffernanzeige Grenzwerte für Messabweichungen festgelegt, siehe Tab. 4.4.

Für Bügelmessschrauben mit Skalen- oder Ziffernanzeige gibt die Norm DIN 863 die in Tab. 4.5 aufgeführten Grenzabweichungen an.

Optische Strichgitter

Bei der Kalibrierung eines Okularmikrometers (engl.: eyepiece micrometer) für die Längenbestimmung in der Mikroskopie werden als Maßverkörperung optische Strichgitter – Objektmikrometer (engl.: stage micrometer) benutzt. Hersteller geben für Objektmikrometer von 1 mm Länge und einer Skala mit 100 Teilstrichen Werte für die Abweichung der Gesamtlänge zwischen 0,001 mm und 0,002 mm an.

Tab. 4.6 Grenzabweichungen für eichfähige Waagen nach Richtlinie 2014/31/EU

Belastung m		Grenzabweichung
Klasse I	Klasse II	
$0 \leq m \leq 50\,000\,e$	$0 \leq m \leq 5\,000\,e$	$0{,}5\,e$
$50\,000\,e < m \leq 200\,000\,e$	$5\,000\,e < m \leq 20\,000\,e$	$1{,}0\,e$
$200\,000\,e < m$	$20\,000\,e < m \leq 100\,000\,e$	$1{,}5\,e$

Tab. 4.7 Bereiche für den Eichwert von Waagen und die Mindestlast

Klasse	Eichwert e	Mindestlast
I	$0{,}001\,\mathrm{g} \leq e$	$100\,d$
II	$0{,}001\,\mathrm{g} \leq e \leq 0{,}05\,\mathrm{g}$	$20\,d$
	$0{,}1\,\mathrm{g} \leq e$	$50\,d$

4.2.2   Messung der Masse

Nichtselbsttätige Digitalwaagen
Hersteller bieten oftmals Waagen an, die eichfähig sind und somit der Richtlinie 2014/31/EU unterliegen[4]. Für nichtselbsttätige Waagen, die beim Wägen das Eingreifen einer Bedienungsperson erfordern, gibt es vier Genauigkeitsklassen:

- Klasse I: Feinwaage,
- Klasse II: Präzisionswaage,
- Klasse III: Handelswaage,
- Klasse IIII: Grobwaage.

Im Physikalische Praktikum werden im Allgemeinen Waagen der Klassen I und II verwendet. Wichtige Angaben – der Eichwert e, die Mindeslast und die Höchstlast – sind auf dem Typenschild zu finden. Der Eichwert ist ein Maß für die Grenzabweichungen einer Waage, siehe Tab. 4.6. Je nach Waage ist $e = 1\,d - 10\,d$, wobei d den Ziffernschrittwert bezeichnet.

Der kleinste Eichwert bei einer Feinwaage ist $e = 1\,$mg. Die Mindestlast ist die untere Grenze des eichfähigen Wägebereichs und wird auf den Ziffernschrittwert d bezogen, siehe Tab. 4.7. Die Waage zeigt zwar auch Werte unterhalb der Mindestlast an, diese zählen dann aber nicht mehr als geeicht.

---

[4]Bei einer Eichung muss ein eichpflichtiges Messgerät die in der Tab. 4.6 angegebenen Grenzabweichungen einhalten. Die Verkehrsfehlergrenzen, innerhalb derer der Gebrauch der eichpflichtigen Waage bis zum nächsten Eichtermin zulässig ist, betragen das Doppelte dieser Grenzabweichungen.

Tab. 4.8 Grenzabweichungen für Gewichtstücke der Klassen E2 und F1 nach DIN 8127:2007

	Grenzabweichung für Gewichtstücke im mg				
Nennwert	Klasse E2	Klasse F1	Nennwert	Klasse E2	Klasse F1
1 mg			1 g	0,03	0,10
2 mg	0,006	0,020	2 g	0,04	0,12
5 mg			5 g	0,05	0,16
10 mg	0,008	0,025	10 g	0,06	0,20
20 mg	0,010	0,03	20 g	0,08	0,25
50 mg	0,012	0,04	50 g	0,10	0,3
100 mg	0,016	0,05	100 g	0,16	0,5
200 mg	0,020	0,06	200 g	0,3	1,0
500 mg	0,025	0,08	500 g	0,8	2,5

Gewichtstücke

Für die Kalibrierung von Waagen werden Prüfgewichte verwendet. Die Organisation Internationale de Métrologie Légale hat die messtechnischen Anforderungen an Gewichtstücke im eichpflichtigen Bereich international festgelegt (OIML R111-1:2004, DIN 8127:2007). Abgestufte Reihen von Gewichtstücken gibt es in verschiedenen Genauigkeitsklassen. Gewichtstücke der Klasse E2 sind für die Kalibrierung von Waagen der Klasse I geeignet, die Klasse F1 für Waagen der Klassen I und II. Da für das Physikalische Praktikum insbesondere Gewichtstücke zur Verwendung mit Waagen der Klassen I und II interessieren, geben wir in Tab. 4.8 Grenzabweichungen für nur zwei von insgesamt neun für Gewichtstücke definierte Genauigkeitsklassen an.

4.2.3 Zeitmessung – Stoppuhren

Falls kein Datenblatt zur im Praktikum verwendeten Stoppuhr vorliegt, ist es sinnvoll, für Stoppuhren mit einer Auflösung von 1/100 s eine

$$\text{Gangunsicherheit} \quad 0,001\,\%$$

anzunehmen. Für die einzelne Messung ist zusätzlich zur Gangunsicherheit eine Unsicherheit von einem 1 Digit zu addieren.

Digitale Stoppuhren in der mittleren Preisklasse (sogenannte Basisfunktions-Stoppuhren) mit einer Zeitauflösung von 1/100 s (auch eichfähig) sind häufig mit einer Gangunsicherheit von maximal 30 s/Monat erhältlich – das entspricht einer Gangunsicherheit von ungefähr 0,001 %.[5] Atomuhr-Frequenzstandards haben Gangunsicherheiten $<10^{-9}$ %.

Beispiel 4.1 Für nicht zu lange Messzeiten t ist die absolute Unsicherheit einer Stoppuhr, 0,001 % · t, kleiner als die Auflösung der Anzeige von 1/100 s. Erst nach einem Messintervall von ungefähr 17 min wäre diese Unsicherheit mit der Gangabweichung vergleichbar.

Der sehr kleinen Gangunsicherheit von Stoppuhren steht die viel größere Reaktionszeit des Experimentators gegenüber. Die Auslöseunsicherheit beim Ein- und Ausschalten einer Handstoppuhr beträgt je nach Reaktionsschnelle und Erfahrung von Experimentierenden 0,1 s bis 0,3 s. Für wiederholte Messungen derselben Messgröße wird die Gangunsicherheit einer digitalen Stoppuhr oftmals vernachlässigbar klein sein gegenüber der ermittelten Standardunsicherheit des Mittelwertes.

4.2.4 Temperaturmessung

Laborthermometer
Bei Laborthermometern werden u. a. folgende Thermometertypen unterschieden:

- Laborthermometer mit Skalenteilungswerten 0, 1 °C, 0, 2 °C, 0, 5 °C (Einschlussthermometer – E),
- Laborthermometer mit Skalenteilungswerten 1 °C, 2 °C (Einschlussthermometer – LET sowie Labor-Stabthermometer – LST),
- Allgebrauchs-Stabthermometer (ST).

Die Typ-Bezeichnungen enthalten die Angaben über den Nennmessbereich und bei den Einschlussthermometern auch den Skalenteilungswert. Grenzabweichungen für Laborthermometer und Allgebrauchs-Stabthermometer sind in Tab. 4.9 angegeben.

Als thermometrische Flüssigkeiten können benetzende (organische) als auch nicht benetzende (metallische) Füllungen verwendet werden, sofern die angegebenen Grenzabweichungen eingehalten werden. Die organischen Flüssigkeiten, wie

---

[5]Während einer Jahrhundertfeier des National Institute of Standards and Technology (NIST) im Jahre 2001 [Jeff C. Gust et al., Special Publication (NIST SP) – 960-12] konnten über 300 Besucher ihre Quarz-Armbanduhren, deren Technologie mit der von Basisfunktions-Stoppuhren vergleichbar ist, kalibrieren lassen. Etwa 70 % der Uhren hatten eine relative Messabweichung von ungefähr 0,001 %.

Tab. 4.9 Grenzabweichungen für Laborthermometer und Allgebrauchs-Stabthermometer nach DIN 12775:2019, DIN 12778:2019 und DIN 12779:2019

Kurzzeichen	Nennmessbereich in °C	Skalenteilungswert in °C	Grenzabweichung in °C
E 0,5/-30/50	-30 bis 50		
E 0,5/0/50	0 bis 50	0,5	0,5
E 0,5/0/100	0 bis 100		
E 0,2/0/50	0 bis 50	0,2	0,3
E 0,2/0/100	0 bis 100		
E 0,1/0/50	0 bis 50	0,1	0,2
E 0,1/50/100	50 bis 100		
LET 0/100	0 bis 100	1	1
LST 0/100			
LST 0/480	0 bis 480	2	2 (4 für $T > 410\,°C$)
ST -35/50	-35 bis 50	1	1
ST -10/60	-10 bis 60	0,5	0,5
ST -10/110	-10 bis 110	1	1
ST 0/160	0 bis 160	1	2

Ethanol, Petroleum, Pentan usw., sind farblos. Sie werden für eine bessere Sichtbarkeit typisch rot, blau oder grün eingefärbt. Quecksilber glänzt metallisch silbrig.

Digitalthermometer mit Thermoelement-Messfühlern

Für Temperaturmessfühler von Digitalthermometern kommen mehrere physikalische Wirkprinzipien infrage. Im Physikalischen Praktikum werden häufig Digitalthermometer mit Thermoelementen oder mit Platin-Messwiderständen eingesetzt. Thermoelemente werden aus verschiedenen Kombinationen von Metallen hergestellt, deren Typ durch Buchstaben bezeichnet wird. Mit einem weiten Temperaturbereich und einem niedrigen Preis eignen sich insbesondere NiCr-Ni-Thermoelemente (Typ K) für allgemeine Anwendungen. Unter den zahlreichen anderen Arten sind solche vom Typ J, T, E und N am weitesten verbreitet. Die Grenzabweichungen sind in Tab. 4.10 für verschiedene Typen, ihre Temperaturbereiche und Genauigkeitsklassen aufgelistet.

Digitalthermometer mit Platin-Messwiderständen

Grundlage der Messmethode ist die bekannte Widerstands-Temperatur-Beziehung für Platin. Widerstandsthermometer mit Platin-Messwiderständen besitzen im unteren bis mittleren Temperaturbereich (ca. $-200\,°C$ bis $+600\,°C$) eine höhere Genau-

Tab. 4.10 Grenzabweichungen für Thermoelemente nach DIN EN 60584-1:2014. Max$(0,5\,°C;\ 0,004\,|t|)$ bedeutet, dass der größere der beiden Werte zu wählen ist. $|t|$ ist der Absolutwert der Temperatur in $°C$

Typ	Legierungs-kombination	Grenzabweichung und Temperaturbereich		
		Klasse 1	Klasse 2	Klasse 3
T	Cu - CuNi	Max$(0,5\,°C;\ 0,004|\,t\,|)$	Max$(1\,°C;\ 0,0075|\,t\,|)$	Max$(1\,°C;\ 0,015|\,t\,|)$
		-40 °C bis 350 °C	-40 °C bis 350 °C	-200 °C bis 40 °C
E	NiCr - CuNi	Max$(1,5\,°C;\ 0,004|\,t\,|)$	Max$(2,5\,°C;\ 0,0075|\,t\,|)$	Max$(2,5\,°C;\ 0,015|\,t\,|)$
		-40 °C bis 800 °C	-40 °C bis 900 °C	-200 °C bis 40 °C
J	Fe - CuNi	Max$(1,5\,°C;\ 0,004|\,t\,|)$	Max$(2,5\,°C;\ 0,0075|\,t\,|)$	–
		-40 °C bis 750 °C	-40 °C bis 750 °C	–
K	NiCr - Ni	Max$(1,5\,°C;\ 0,004|\,t\,|)$	Max$(2,5\,°C;\ 0,0075|\,t\,|)$	Max$(2,5\,°C;\ 0,015|\,t\,|)$
		-40 °C bis 1000 °C	-40 °C bis 1200 °C	-200 °C bis 40 °C
N	NiCrSi - NiSi	Max$(1,5\,°C;\ 0,004|\,t\,|)$	Max$(2,5\,°C;\ 0,0075|\,t\,|)$	Max$(2,5\,°C;\ 0,015|\,t\,|)$
		-40 °C bis 1000 °C	-40 °C bis 1200 °C	-200 °C bis 40 °C

Tab. 4.11 Grenzabweichungen für Platin-Messwiderstände nach DIN EN 60751:2009. Die Größe $|t|$ ist der Absolutwert der Temperatur in $°C$

Klasse	Temperaturbereich	Grenzabweichung
AA	-50 °C bis +250 °C	$0{,}10\,°C + 0{,}0017\,|\,t\,|$
A	-100 °C bis +450 °C	$0{,}15\,°C + 0{,}0020\,|\,t\,|$
B	-196 °C bis +600 °C	$0{,}30\,°C + 0{,}0050\,|\,t\,|$
C		$0{,}60\,°C + 0{,}0100\,|\,t\,|$

igkeit als Thermoelemente. Für verschiedene Genauigkeitsklassen sind die Grenzabweichungen und die Temperaturbereiche in Tab. 4.11 aufgeführt.

Bemerken wollen wir, dass Platin-Messwiderstände von einzelnen Herstellern auch mit wesentlich kleineren Grenzabweichungen geliefert werden, das ist dem entsprechenden Datenblatt zu entnehmen.

4.2.5 Volumenmessgeräte

Messzylinder aus Glas

Mess- und Mischzylinder aus Glas werden entsprechend ihrer Bauart in „hohe Form mit Ausguss oder Stopfen" (Bauform 1) und „niedrige Form mit Ausguss" (Bauform 2) unterschieden. Bauform 1 Messzylinder gibt es in zwei Genauigkeitsklassen, A und B. Die Grenzabweichungen für Messzylinder aus Glas sind in Tab. 4.12 zusammengefasst.

Üblicherweise befindet sich auf kommerziell erhältlichen Messzylindern aus Glas ein Aufdruck mit wichtigen Informationen, wie Nennvolumen, Grenzabweichung, Bezugstemperatur (in der Regel 20 °C) und Normbezeichnung.

Kunststoff-Messzylinder mit Skala

Es gibt zwei Genauigkeitsklassen für Messzylinder aus Kunststoff: Klasse A mit hoher Genauigkeit und Klasse B mit niedrigerer Genauigkeit, siehe Tab. 4.13. Die Genauigkeitsklasse ist auf dem Messzylinder gekennzeichnet; Nennvolumen, Skaleneinteilung sowie Grenzabweichung müssen nicht angegeben sein.

Tab. 4.12 Grenzabweichungen für Messzylinder aus Glas nach DIN EN ISO 4788:2005

Inhalt in ml	Hohe Bauform Typ 1			Niedrige Bauform Typ 2	
	Skalentei-lung in ml	Grenzabweichung in ml		Skalentei-lung in ml	Grenzabwei-chung in ml
		Klasse A	Klasse B		
5	0,1	0,05	0,1	0,5	0,2
10	0,2	0,1	0,2	1	0,3
25	0,5	0,25	0,5	1	0,5
50	1	0,5	1	1 oder 2	1
100	1	0,5	1	2	1
250	2	1	2	5	2
500	5	2,5	5	10	5
1000	10	5	10	20	10
2000	20	10	20	50	20

Tab. 4.13 Grenzabweichungen für Messzylinder aus Kunststoff nach DIN 12681:1998

Nennvolumen in ml	Skalenteilung in ml	Grenzabweichung in ml	
		Klasse A	Klasse B
10	0,2	0,1	0,2
25	0,5	0,25	0,5
50	1	0,5	1
100	1	0,5	1
250	2	1	2
500	5	2,5	5
1000	10	5	10
2000	20	10	20

4.2.6 Dichtemessgeräte

Aräometer

Nach DIN 12791-1:2019 gibt es fünf *Grundserien* von Aräometern mit eingebautem Thermometer oder ohne eingebautes Thermometer, die einen Bereich von $600\,kg/m^3$ bis $2000\,kg/m^3$ erfassen und eine Bezugstemperatur $20\,°C$ haben. Für diese Dichtearäometer mit Skalenteilungswerten von $0,2\,kg/m^3$ bis $2\,kg/m^3$ gilt:

$$\text{Grenzabweichung} = 1 \text{ Skalenteilungswert.}$$

Daneben gibt es drei *Nebenserien* mit kleineren Grenzabweichungen; sie überdecken einen Dichtebereich von $600\,kg/m^3$ bis $1100\,kg/m^3$ und haben Bezugstemperaturen $20\,°C$ oder $15\,°C$.

Pyknometer

Auf Pyknometern befindet sich in der Regel ein Aufdruck mit folgenden Informationen: Nennvolumen, Bezugstemperatur (meistens $20\,°C$) und das tatsächliche Volumen. Das tatsächliche Volumen ist das Volumen (an Wasser) in Millilitern, welches das Pyknometer enthält, wenn Wasser und Pyknometer sich auf der Bezugstemperatur befinden.

Häufig verwendete Bauarten sind Pyknometer nach Gay-Lussac und nach Reischauer. Die Grenzabweichungen für das angegebene tatsächliche Volumen sind in DIN ISO 3507:2002 festgelegt:

$$0,010 \text{ ml} \qquad \text{Bauart nach Gay-Lussac,}$$
$$0,005 \text{ ml} \qquad \text{Bauart nach Reischauer.}$$

Mohr-Westphal-Waage

Messgeräte dieser Bauart finden wir in vielen Anfängerpraktika. In der mittlerweile abgelösten Eichordnung EO 1988 wurden die in Tab. 4.14 aufgeführten Eichfehler-

Tab. 4.14 Grenzabweichungen für Reiter- und Anhängergewichte der Mohr-Westphal-Waage

Nennwert der Gewichtstücke in g	Grenzabweichung in mg
10	1
1	0,5
0,1	0,25
0,01	0,1

grenzen für Reiter- und Anhängergewichte der Mohr-Westphal-Waage festgelegt
(Eichordnung EO 1988, Anlage 13). In den aktuell gültigen Verordnungen gibt es
zu diesem Messgerätetyp keine Festlegungen mehr.

4.2.7 Elektrische Messgeräte

In der Gerätedokumentation werden vom Hersteller in der Regel die *Eigenunsicher-
heit* des Messgerätes und die *Referenzbedingungen* angegeben, bei denen das Gerät
justiert wurde und die für den Betrieb des Gerätes gelten.

Beispiele sind folgende Angaben: Temperatur $(23 \pm 2)\,°C$, relative Luftfeuchte
$40\,\%$ bis $60\,\%$, Gebrauchslage waagerecht, Frequenz der Messgröße 45 Hz bis 65 Hz,
Kurvenform sinusförmig, Batteriespannung $(8 \pm 0,1)\,V$. Wenn das Gerät nicht unter
Referenzbedingungen betrieben wird, müssen diese Einflusseffekte gegebenenfalls
als zusätzliche Unsicherheitsbeiträge berücksichtigt werden.

Analoge Multimeter – AMM
Für analoge Multimeter und auch für alle anderen direkt wirkenden elektrischen
Messgeräte mit Zeigeranzeige ist nach DIN EN 60051-1:2017 vom Hersteller die
Güteklasse auf dem Gerät anzugeben. Die Klassenangabe steht als Zahl auf der Skala
und gibt die zulässige Anzeigeunsicherheit in Prozent vom Messbereichsendwert
(v.E.) an. Steht die Zahl in einem Kreis, so bezieht sich die prozentuale Angabe auf
den Messwert – (v.M.). Zulässige Werte für die Klasse sind: 0,05; 0,1; 0,2; 0,3; 0,5;
1; 1,5; 2; 2,5; 3; 5.

Beispiel 4.2 Bei einem Messgerät der Klasse 1,5 mit 10 A Messbereich beträgt die
Grenzabweichung somit
$$1,5\,\% \cdot 10A = 0,15\,A.$$

Bei analogen Multimetern sollte nach Möglichkeit immer der Messbereich gewählt
werden, bei dem der Messwert (Zeigerausschlag) im letzten Drittel der Skala liegt.

Digitale Multimeter – DMM
Für digitale Multimeter gibt es keine Klassenzeichen. Nach DIN 43751-2:1987
geben Hersteller die Grenzabweichung in % vom Messwert (v.M.) – engl.: % of
reading (of rgd) – oder in % vom Endwert (v.E.) an. Dazu wird ein konstanter Wert
als ein Vielfaches des letzten Ziffernschritts der Anzeige – Digit (D, dgts) – addiert.

Beispiel 4.3 In der Bedienungsanleitung eines digitalen Multimeters (Granit Quality Parts, Wilhelm Fricke GmbH, Heeslingen) wird unter Technische Daten folgendes angegeben: *Für Wechselspannung: Bereich 200 V, Auflösung 100 mV, Genauigkeit (0,8 % v. Mw. +3 digits). Gültig für ein Jahr nach der Kalibrierung bei Betriebstemperaturen von 18 °C bis 28 °C bei einer relativen Feuchte von 0–75 %.* Wird uns vom Gerät ein Messwert von 110 V angezeigt, dann ist die Grenzabweichung

$$0,8 \ \% \cdot 110 \ \text{V} + 3 \cdot 0,1 \ \text{V} = 1,18 \ \text{V}, \qquad \text{das entspricht 1\%.}$$

Oszilloskope
Digitaloszilloskope bieten u. a. auch die Möglichkeit der Spannungsmessung und der Zeitmessung. Grenzabweichungen müssen wir den Datenblättern des Herstellers entnehmen.

Beispiel 4.4 Für Oszilloskope der InfiniiVision 2000 X-Series der Fa. Keysight Technologies Deutschland GmbH, Böblingen, setzt sich die Grenzabweichung einer Zeitmessung unter Nutzung der Cursors aus drei Beiträgen zusammen:

- (time base accuracy) of reading,
- 0,16 % of screen width,
- 100 ps.

Die *Time base accuracy* (Gangunsicherheit) ist 0,0025 %. Dazu kommt ein Unsicherheitsbeitrag 0,0005 % pro Jahr nach Herstellungsdatum, der Alterungsprozesse berücksichtigt. Die *screen width* liegt, je nach Messbereich, zwischen 50 ns und 500 s.

4.2.8 Passive elektronische Bauelemente

Grenzabweichung von Normalwiderständen (z. B. Fa. WIKA, Klingenberg a. Main):
10^{-3} % (bei 20 °C, gering belastet),
Grenzabweichung von Widerstands-, Kapazitäts- und Induktivitätsdekaden (z. B. Fa. PeakTech, Ahrensburg):

- Widerstandsdekade: 1 %,
- Kapazitätsdekade: 5 %,
- Induktivitätsdekade: 5 %.

Messunsicherheit im Praktikumsprotokoll 5

Die Auswertung einer physikalischen Messung ist erst vollständig, wenn sie eine Angabe über die Messunsicherheit einschließt. Die Messunsicherheit liefert die Grundlage sowohl für die Vergleichbarkeit und Akzeptanz von Messergebnissen als auch für Entscheidungen, die durch ihre Kenntnis geprägt werden. Im Folgenden geben wir Empfehlungen, wie die Messunsicherheit in das anzufertigende Praktikumsprotokoll Eingang finden sollte.

5.1 Ergebnisangabe

Die meisten Experimente führen zu einem quantitativen Ergebnis. Als Resultat der Messung einer Messgröße X wird der Bestwert x_{BE} zusammen mit der erweiterten Messunsicherheit $U = k \cdot u_c(x)$ angegeben, siehe Kap. 3:

$$x = x_{BE} \pm U. \tag{5.1}$$

Für die Auswertung von Experimenten im Physikalischen Praktikum haben wir in Abb. 5.1 die Analyse und Erfassung von Messunsicherheiten für den häufigen Fall unkorrelierter Eingangsgrößen zusammenfassend dargestellt.

© Der/die Herausgeber bzw. der/die Autor(en), exklusiv lizenziert durch Springer Fachmedien Wiesbaden GmbH, ein Teil von Springer Nature 2020
T. Bornath und G. Walter, *Messunsicherheiten – Anwendungen*, essentials,
https://doi.org/10.1007/978-3-658-30565-9_5

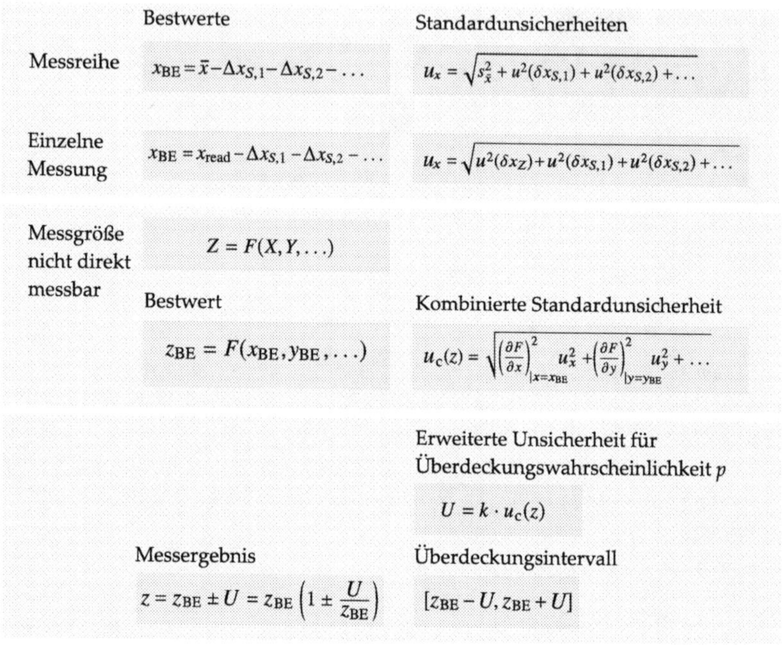

	Bestwerte	Standardunsicherheiten
Messreihe	$x_{BE} = \bar{x} - \Delta x_{S,1} - \Delta x_{S,2} - \ldots$	$u_x = \sqrt{s_{\bar{x}}^2 + u^2(\delta x_{S,1}) + u^2(\delta x_{S,2}) + \ldots}$
Einzelne Messung	$x_{BE} = x_{read} - \Delta x_{S,1} - \Delta x_{S,2} - \ldots$	$u_x = \sqrt{u^2(\delta x_Z) + u^2(\delta x_{S,1}) + u^2(\delta x_{S,2}) + \ldots}$

Messgröße nicht direkt messbar

$$Z = F(X, Y, \ldots)$$

Bestwert	Kombinierte Standardunsicherheit
$z_{BE} = F(x_{BE}, y_{BE}, \ldots)$	$u_c(z) = \sqrt{\left(\frac{\partial F}{\partial x}\right)^2_{\vert x=x_{BE}} u_x^2 + \left(\frac{\partial F}{\partial y}\right)^2_{\vert y=y_{BE}} u_y^2 + \ldots}$

Erweiterte Unsicherheit für
Überdeckungswahrscheinlichkeit p

$$U = k \cdot u_c(z)$$

Messergebnis	Überdeckungsintervall
$z = z_{BE} \pm U = z_{BE}\left(1 \pm \dfrac{U}{z_{BE}}\right)$	$[z_{BE} - U, z_{BE} + U]$

Abb. 5.1 Schema der Messunsicherheitsanalyse für den Fall unkorrelierter Eingangs- und Einflussgrößen, vgl. Kap. 2

Auch die Messunsicherheit stellt lediglich einen besten Schätzwert dar, der seinerseits eine Unsicherheit aufweist. Die Zahlenwerte für den Bestwert und die Messunsicherheit sind daher sinnvoll zu runden[1].

---

[1] Wir empfehlen, die Messunsicherheit grundsätzlich mit zwei Stellen anzugeben. In Ausnahmefällen werden wir die Messunsicherheit aber auf eine signifikante Stelle runden, insbesondere dann, wenn die zweite Stelle um zwei Größenordnungen kleiner ist als das Auflösungsvermögen des verwendeten Messgerätes, somit der Ablesung gar nicht zugänglich ist. In der Praktikumsaufgabe 6.2 wird z. B. für die Pendellänge $l_{BE} = 767{,}5$ mm eine erweiterte Unsicherheit $U(k = 2) = 0{,}8525$ mm errechnet. Nur die erste Stelle hinter dem Komma, eine Größenordnung unter der Auflösung des Holzmaßstabes (1 mm), hat noch Bezug auf die Ablesung, während die übrigen Stellen für die Angabe der Unsicherheit keine Bedeutung besitzen.

Die Zahlenwerte des Bestwertes und der Messunsicherheit werden an der gleichen Stelle gerundet, dabei sind Standardunsicherheiten bzw. die erweiterten Unsicherheiten auf höchstens zwei signifikante Stellen zu runden [4]. Der Bestwert wird abgerundet, wenn hinter der Rundestelle eine der Ziffern 0 bis 4 steht, dagegen aufgerundet, wenn hinter der Rundestelle eine der Ziffern 5 bis 9 steht.

Die Messunsicherheiten werden dagegen in der Regel stets aufgerundet. Die Rundestelle der Messunsicherheit finden wir, indem wir von links beginnend die ersten zwei von Null verschiedenen Ziffern suchen.

Beispiel 5.1 Rundung von Bestwert und Messunsicherheit

$$
\begin{array}{rcc}
\text{Bestwert:} & 8{,}5796\underline{4}7 & 8{,}5796\underline{5}7 \\
\text{Messunsicherheit:} & 0{,}00383 & 0{,}001632 \\
\text{Rundestelle:} & 0{,}0038\underline{3} & 0{,}0016\underline{3}2 \\
\text{aufgerundete Messunsicherheit:} & 0{,}0039 & 0{,}0017 \\
\text{gerundeter Bestwert:} & 8{,}5796 & 8{,}5797
\end{array}
$$

Messunsicherheiten können wir absolut, aber auch relativ zum Bestwert angeben. Die absolute Messunsicherheit U hat stets dieselbe Dimension wie die Messgröße selbst. Demgegenüber ist die relative Messunsicherheit U/x_{BE} dimensionslos. Das ermöglicht, die Messunsicherheiten verschiedenartiger Messgrößen miteinander zu vergleichen. Mit der relativen Messunsicherheit lautet das Schlussergebnis:

$$
x = x_{BE} \left(1 \pm \frac{U}{x_{BE}} \right). \tag{5.2}
$$

Die Angabe der relativen Messunsicherheit erfolgt meist als prozentuale Messunsicherheit. Auch hier empfehlen wir die Angabe von zwei signifikanten Stellen.

Zusätzlich zu (5.1) oder (5.2) ist die Überdeckungswahrscheinlichkeit p anzugeben, die der Bestimmung der Messunsicherheit zugrunde liegt. Dies wird auch als Vertrauensniveau bezeichnet. Mit der Wahrscheinlichkeit p liegt der (unbekannte) wahre Wert der Messgröße im Überdeckungsintervall

$$
[x_{BE} - U, x_{BE} + U],
$$

mit der Wahrscheinlichkeit $(1 - p)$ außerhalb.

In der physikalischen Fachliteratur wird meistens die Standardunsicherheit für $p = 68\%$ angegeben. In der Technik wird eine höhere Überdeckungswahrscheinlichkeit empfohlen: Wenn nicht anders gefordert, soll eine erweiterte Messunsicherheit angegeben werden, die einem 95 %-Vertrauensniveau entspricht (Empfehlung der International Organization for Standardization, ISO 3534). Mit 95 % Wahrscheinlichkeit überdeckt das Messunsicherheitsintervall dann den (unbekannten) wahren Wert der Messgröße, mit immerhin noch 5 % Wahrscheinlichkeit liegt der Wert der Messgröße aber außerhalb des Intervalls.

Beispiel 5.2 Der elektrische Widerstand eines Bauelementes sei mehrmals gemessen worden. Aus den Messwerten und den zur Verfügung stehenden Informationen über die verwendeten Messgeräte wurden folgende Werte ermittelt:

$$\begin{aligned} \text{arithmetisches Mittel:} \quad & \bar{R} = 17{,}812\,\Omega, \\ \text{absolute Messunsicherheit:} \quad & U = 0{,}1529\,\Omega, \\ \text{relative Messunsicherheit:} \quad & U/\bar{R} = 0{,}008584. \end{aligned}$$

Die erweiterte Messunsicherheit wurde für eine Überdeckungswahrscheinlichkeit $p \approx 95\%$ bestimmt. Das Resultat der Messung lautet:

$$R = (17{,}81 \pm 0{,}16)\,\Omega.$$

In wissenschaftlichen Veröffentlichungen ist auch die folgende Schreibweise üblich: $R = 17{,}81(16)\,\Omega$. Unter Verwendung der relativen Messunsicherheit lautet das Ergebnis: $R = 17{,}81(1 \pm 0{,}86\%)\,\Omega$.

Schreibweisen wie „$R = 17{,}81\,\Omega \pm 0{,}86\%$" wollen wir nicht verwenden, da physikalische Größen und Zahlen nicht addiert werden können.

5.2   Messunsicherheitsbudget

Das Praktikumsprotokoll muss alle relevanten Informationen enthalten, die zum Ergebnis (5.1) bzw. (5.2) führen. In der Regel gibt es für eine zu bestimmende physikalische Größe mehrere zu messende Eingangsgrößen und mehrere Einflussgrößen, die zur Messunsicherheit beitragen. Die Berechnung der kombinierten Messunsicherheit, vgl. Abschn. 2.2, ist nachvollziehbar darzustellen. Es empfiehlt sich, den quantitativen Einfluss der verschiedenen Größen übersichtlich in einer Tabelle – dem sogenannten Messunsicherheitsbudget [4] – darzustellen, siehe Kap. 6 für Beispiele.

Für jede Eingangsgröße sollten die Kenntnisse über die Messung – verwendete Messgeräte, Bestwerte, Schätzwerte für Grenzabweichungen usw. – stichpunktartig aufgeführt werden. Wichtig für die Berechnung der jeweiligen Standardunsicherheit ist die Angabe der verwendeten PDF. Sinnvoll ist ggf. die Angabe der Formeln für Empfindlichkeitskoeffizienten (SC). Neben den Standardunsicherheiten sollten auch die relativen Unsicherheiten der einzelnen Messgrößen angegeben werden, da sie unmittelbar eine Kontrolle der fortlaufenden Auswertung gestatten.

5.3 Diskussion des Messergebnisses, Schlussfolgerungen

In der Regel ist das Experiment nicht mit der bloßen Mitteilung des Messergebnisses abgeschlossen. Vielmehr ist das Messergebnis mit dem Ziel zu analysieren, Schlussfolgerungen über das durchgeführte Experiment und den physikalischen Sachverhalt abzuleiten. Wichtig ist die Einschätzung der Genauigkeit und der Präzision eines Experimentes sowie die Bewertung der Diskrepanz des ermittelten Bestwertes zu Vergleichswerten.

5.3.1 Genauigkeit und Präzision des Experimentes

Die Genauigkeit (engl.: accuracy) eines Experimentes bezieht sich auf die Abweichung des Messergebnisses vom wahren Wert. Sie stellt ein Maß für die Richtigkeit des Messergebnisses dar. Die Präzision (engl.: precision) eines Experimentes gibt dagegen an, wie exakt das Messergebnis ist ohne Bezug auf den wahren Wert. Sie ist auch ein Maß für die Reproduzierbarkeit eines Messergebnisses, vgl. Abb. 5.2.

Während die Genauigkeit vor allem durch die systematischen Abweichungen geprägt wird, hängt die Präzision von der Größe der zufälligen Abweichungen ab. Es ist sinnlos, ein Experiment mit hoher Präzision auszuführen, wenn bekannt ist, dass die Genauigkeit gering ist. Andererseits kann ein Messresultat nicht als extrem genau betrachtet werden, wenn die Präzision gering ist. Um Rückschlüsse auf das verwendete Messverfahren ziehen zu können, empfiehlt es sich, die Messunsicherheiten der einzelnen zum Messergebnis beitragenden Messgrößen, die im Messunsicherheitsbudget zusammengestellt wurden, miteinander zu vergleichen.

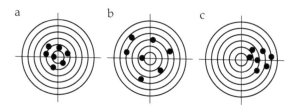

Abb. 5.2 Veranschaulichung zufälliger und systematischer Messabweichungen. **a** Hohe Präzision, hohe Genauigkeit – zufällige Abweichungen sind klein, keine systematische Abweichung. **b** Niedrige Präzision – die Messreihe hat den gleichen Mittelwert wie in **a**, die zufälligen Abweichungen der einzelnen Messungen sind groß. **c** Hohe Präzision, aber geringe Genauigkeit – zufällige Abweichungen sind klein, es existiert jedoch eine systematische Abweichung

5.3.2 Vergleich des Bestwertes mit Werten aus anderen Quellen

Wir können unsere Messergebnisse mit akzeptierten Werten aus der Literatur oder mit Messergebnissen anderer Autoren, aber auch mit theoretisch vorhergesagten Werten oder Werten fundamentaler Konstanten vergleichen, ein Beispiel ist in Abb. 5.3 dargestellt.

> Die Differenz zwischen zwei Werten derselben physikalischen Größe wird als Diskrepanz bezeichnet. **Die Diskrepanz heißt insignifikant, wenn die Abweichung zwischen den Werten durch Zufall zustande gekommen sein kann.** Dies ist der Fall, wenn die Abweichung der beiden Werte kleiner als die Summe der Messunsicherheiten ist. Falls wir auch mit der Präzision des Messergebnisses zufrieden sind, können wir schlussfolgern, dass sowohl die experimentelle Durchführung als auch die Auswertung erfolgreich abgelaufen sind.

Eine **signifikante Diskrepanz** liegt dagegen vor, wenn es unwahrscheinlich ist, dass die Abweichung zwischen den Werten durch Zufall entstanden ist. Es muss vermutet werden, dass es eine unerkannte Ursache für eine systematische Abweichung gibt. Gegebenenfalls ist fraglich, ob ein akzeptierter Wert überhaupt passend ist: Treffen Bedingungen wie Druck, Temperatur u. ä., unter denen der akzeptierte Wert ermittelt

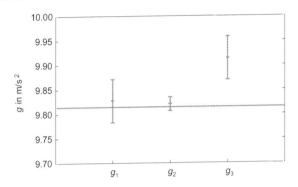

Abb. 5.3 Vergleich von drei Messergebnissen für die Erdbeschleunigung, $g_1 = (9{,}827 \pm 0{,}044)\frac{m}{s^2}$, $g_2 = (9{,}821 \pm 0{,}014)\frac{m}{s^2}$ und $g_3 = (9{,}914 \pm 0{,}044)\frac{m}{s^2}$ mit dem für den Ort akzeptierten Wert $g = 9{,}814285$ m/s². Die Diskrepanz der ersten beiden Werte g_1 und g_2 zum akzeptierten Wert ist nicht signifikant. Die Präzision von g_2 ist höher als die von g_1. Der Wert g_3 weist eine signifikante Diskrepanz zum akzeptierten Wert auf

wurde, für das durchgeführte Experiment zu? Möglicherweise sind die Rechnung oder die Durchführung des Experimentes nicht korrekt abgelaufen.

Beispiel 5.3 Vergleich mit akzeptierten Werten
In einem Praktikumsversuch zum Fadenpendel, siehe Abschn. 6.3, habe eine Studentin das folgende Ergebnis für die Erdbeschleunigung erhalten:

$$g = (9{,}827 \pm 0{,}044)\frac{m}{s^2},$$

die gewählte Überdeckungswahrscheinlichkeit ist $p \approx 95\,\%$, die relative Messunsicherheit beträgt $U/g = 0{,}45\,\%$. Als akzeptierter Wert für die Erdbeschleunigung am Experimentierort wurde der Studentin der Wert $g = (9{,}814285 \pm 0{,}000001)$m/s² mitgeteilt. Die Diskrepanz – die Differenz zwischen den beiden Messwerten derselben Messgröße „Erdbeschleunigung" – beträgt $\approx 0{,}013$ m/s² und ist damit kleiner als die erweiterte Messunsicherheit $U = 0{,}044$ m/s². Die Diskrepanz kann als insignifikant angesehen werden. Es kann geschlossen werden, dass sowohl die experimentelle Durchführung als auch die Auswertung zufriedenstellend abgelaufen sind. Anders verhielte es sich, wenn das Messresultat $g = (9{,}914 \pm 0{,}044)$ m/s² wäre. Die Diskrepanz von $\approx 0{,}1$ m/s² in diesem Fall ist signifikant.

Beispiel 5.4 Vergleich von Messergebnissen verschiedener Experimentatoren
Ein Student (A) ermittelt die Dichte eines Glases zu $\varrho_A = (2{,}668 \pm 0{,}076)\,\text{g/cm}^3$, der Student (B) erhält als Ergebnis der Messung an derselben Probe $\varrho_B = (2{,}442 \pm 0{,}043)\,\text{g/cm}^3$. Da die Diskrepanz $|\varrho_A - \varrho_B| = 0{,}226\,\text{g/cm}^3$ größer ist als die Summe der Messunsicherheiten $U(\varrho_A) + U(\varrho_B) = 0{,}119\,\text{g/cm}^3$, muss die Diskrepanz als signifikant bezeichnet werden. In diesem Fall müssten beide Experimentatoren die Durchführung der Experimente und deren Auswertung überprüfen.

Beispiele

6.1 Messunsicherheit einer direkt messbaren Größe – Messreihe

Die Schwingungsdauer eines Fadenpendels wird mit einer Digital-Stoppuhr gemessen. Zu bestimmen sind die absolute und die relative Messunsicherheit für eine Überdeckungswahrscheinlichkeit $p \approx 95\,\%$.

Typ A Unsicherheit
Es wurde eine Messreihe von $n = 10$ Messwerten für jeweils $N = 30$ Schwingungen aufgenommen, Tab. 6.1. Der Mittelwert $\bar{t}$ und die Standardabweichung s_t werden zweckmäßigerweise mit einem Taschenrechner berechnet, der über statistische Funktionen[1] verfügt. Der Mittelwert ist $\bar{t} = 52{,}694$ s. Die Stichproben-Standardabweichung ist $s_t = 0{,}02836$ s. Die Standardabweichung des Mittelwertes ist nach Gl. (2.4)

$$s_{\bar{t}} = \frac{s_t}{\sqrt{n}} = \frac{0{,}02836\ \text{s}}{\sqrt{10}} = 0{,}00897\ \text{s}.$$

Für die Schwingungsdauer $T = t/N = t/30$ ergibt sich:

$$\bar{T} = 1{,}75647\ \text{s} \quad \text{und} \quad s_{\bar{T}} = 0{,}2989 \cdot 10^{-3}\ \text{s}, \quad \frac{s_{\bar{T}}}{\bar{T}} = 0{,}017\,\%.$$

---

[1] Die Taste für die Standardabweichung der Stichprobe ist i. Allg. mit s_x oder σ_{n-1} bezeichnet.

© Der/die Herausgeber bzw. der/die Autor(en), exklusiv lizenziert durch Springer Fachmedien Wiesbaden GmbH, ein Teil von Springer Nature 2020
T. Bornath und G. Walter, *Messunsicherheiten – Anwendungen*, essentials,
https://doi.org/10.1007/978-3-658-30565-9_6

Tab. 6.1 Messreihe: Zeit für jeweils 30 Schwingungen

t in s	52,69	52,72	52,75	52,68	52,66	52,69	52,68	52,69	52,66	52,72

Typ B Unsicherheit

Die Grenzabweichung der benutzten digitalen Stoppuhr ist nach Herstellerangabe

$$\delta t_G = 0,01 \text{ s} + 1,4 \cdot 10^{-5} \cdot t_{read}.$$

Hier ist t_{read} der abgelesene Wert. Wir benutzen hierfür den Mittelwert $\bar{t} = 52,694$ s und erhalten $\delta t_G = 0,01074$ s. Als Wahrscheinlichkeitsverteilung der systematischen Abweichung der Stoppuhr nehmen wir eine Rechteckverteilung – vgl. Anhang A – an. Die Standardunsicherheit ist somit

$$u(\delta t_G) = \frac{\delta t_G}{\sqrt{3}} = \frac{0,01074\text{s}}{\sqrt{3}} = 6,2007 \cdot 10^{-3} \text{ s}.$$

Bezogen auf die Dauer T einer einzelnen Schwingung ist die entsprechende Standardunsicherheit

$$u(\delta T_G) = \frac{u(\delta t_G)}{30} = 0,2066 \cdot 10^{-3} \text{ s}.$$

Die relative Standardardunsicherheit ist $u(\delta T_G)/\bar{T} = 0,012\,\%$.

Standardunsicherheit der Schwingungsdauer

Die Standardunsicherheit der Schwingungsdauer ist

$$u_T = \sqrt{s_{\bar{T}}^2 + u^2(\delta T_G)} = \sqrt{(0,2989 \cdot 10^{-3})^2 + (0,2066 \cdot 10^{-3})^2} \text{ s}$$
$$= 0,3634 \cdot 10^{-3} \text{ s}.$$

Messunsicherheitsbudget und Messergebnis

Für die Schwingungsdauer gibt es zwei Unsicherheitsbeiträge aufgrund zufälliger normalverteilter Abweichungen und systematischer Abweichungen der Stoppuhr, für die eine Rechteckverteilung angenommen wurde, siehe Messunsicherheitsbudget in Tab. 6.2.

Tab. 6.2 Messunsicherheitsbudget für die Messung der Schwingungsdauer T

Größe	Kenntnisse	PDF	SC c_i	Unsicherheitsbeitrag u_i	Relative Unsicherheit
δT_Z	Messreihe, $n = 10$, $s_{\bar{T}} = 0{,}2989 \cdot 10^{-3}$ s	N	1	$0{,}2989 \cdot 10^{-3}$ s	$0{,}017\,\%$
δT_G	Stoppuhr, $0{,}01$ s $+ 1{,}4 \cdot 10^{-5} \cdot t_{\text{read}}$ $\delta T_G = \delta t_G / 30$	R	1	$0{,}2066 \cdot 10^{-3}$ s	$0{,}012\,\%$
T	$\bar{T} = 1{,}75647$ s			$0{,}3634 \cdot 10^{-3}$ s	$0{,}021\,\%$

Unter Annahme einer Normalverteilung für die resultierende Wahrscheinlichkeitsdichteverteilung ist der Erweiterungsfaktor $k = 2$ für eine Überdeckungswahrscheinlichkeit $p \approx 95\,\%$: $U(k = 2) = 0{,}727 \cdot 10^{-3}$ s. Das Messergebnis ist

$$T = (1{,}75647 \pm 0{,}00073)\text{s} \quad \text{bzw.} \quad T = 1{,}75647(1 \pm 0{,}042\ \%)\text{s}.$$

6.2 Messunsicherheit einer direkt messbaren Größe – einzelne Messung

Die Pendellänge l eines Fadenpendels wird mit einem Stahlmaßstab der Klasse II, siehe Abschn. 4.2.1, bestimmt. Die Auflösung des Stahlmaßstabes mit einem Skalenteilungswert von 1 mm lässt keine sinnvolle Messreihe zu. Eine einzelne Messung der Pendellänge mit dem Stahlmaßstab ergibt $l_{\text{read}} = 768{,}5$ mm, dabei haben wir die Zehntelmillimeter interpoliert.

Typ B Unsicherheit

Als Grenzabweichung des Stahlmaßstabes, δl_G, entnehmen wir Tab. 4.2 den Wert: $\delta l_G = 0{,}5$ mm.

Eine systematische Abweichung, δl_{Korr}, ensteht durch die Befestigung des Fadens an der Kugel, der Schwerpunkt wird dadurch aus der Kugelmitte verlagert, Abb. 6.1. Wir machen für den Korrekturbeitrag eine Abschätzung: Die Abweichung kann in einem Intervall $0{,}5$ mm $\leq \delta l_{\text{Korr}} \leq 1{,}5$ mm liegen. Als Wahrscheinlichkeitsverteilung wird eine Rechteckverteilung mit dem Erwartungswert $\Delta l_{\text{Korr}} = 1{,}0$ mm angenommen. Folglich ist der Bestwert für die Pendellänge, vgl. Gl. (2.2),

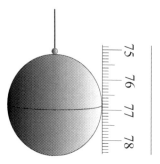

Abb. 6.1 Ablesebeispiel für die Pendellänge l. Die Pendellänge l ist der Abstand des Schwerpunktes vom oberen Aufhängepunkt des Pendels. Am Berührungspunkt der Kugel mit dem Stahlmaßstab wird die Position des Kugelmittelpunkts abgelesen. Durch die Befestigung des Fadens ist der Schwerpunkt etwas aus der Kugelmitte verlagert

$$l_{BE} = l_{read} - \Delta l_{Korr} = 768,5 \text{ mm} - 1 \text{ mm} = 767,5 \text{ mm}.$$

Die zufällige Abweichung beim Ablesen des Wertes von l am Stahlmaßstab schätzen wir mit maximal $\delta l_{read} = 0,3$ mm, siehe Abschn. 4.1, angenommen wird eine Dreiecksverteilung – vgl. Anhang A.

Für die drei Unsicherheitsbeiträge zur Längenmessung erhalten wir:

$$u(\delta l_G) = \frac{0,5 \text{ mm}}{\sqrt{3}} = 0,2887 \text{ mm}, \quad u(\delta l_{Korr}) = \frac{0,5 \text{ mm}}{\sqrt{3}} = 0,2887 \text{ mm},$$

$$u(\delta l_{read}) = \frac{0,3 \text{ mm}}{\sqrt{6}} = 0,1225 \text{ mm}.$$

Standardunsicherheit der Länge
Die Standardunsicherheit der Pendellänge l ist

$$
\begin{aligned}
u_l &= \sqrt{u^2(\delta l_{read}) + u^2(\delta l_G) + u^2(\delta l_{Korr})} \\
&= \sqrt{(0,1225)^2 + (0,2887)^2 + (0,2887)^2} \text{ mm} \\
&= 0,4263 \text{ mm}.
\end{aligned}
$$

Tab. 6.3 Messunsicherheitsbudget für die Messung der Pendellänge l

Größe	Kenntnisse	PDF	SC c_i	Unsicherheits- beitrag u_i	Relative Unsicherheit
δl_{read}	Einzelmessung, Schätzwert: 0,3 mm	D	1	0,1225 mm	0,16 %
δl_G	Stahlmaßstab, Klasse II: 0,5 mm	R	1	0,2887 mm	0,38 %
δl_{Korr}	Korrektur, Schätzwert: 0,5 mm	R	1	0,2887 mm	0,38 %
l	$\Delta l_{Korr} = 1$ mm $l_{BE} = 767,5$ mm			0,4263 mm	0,56 %

Messunsicherheitsbudget und Messergebnis

Für die Pendellänge gibt es drei Unsicherheitsbeiträge, siehe Messunsicherheits-budget Tab. 6.3. Die Unsicherheit durch eine zufällige Abweichung bei der Able-sung wird durch eine Dreiecksverteilung beschrieben. Für die beiden anderen Unsi-cherheitsbeiträge werden Rechteckverteilungen angenommen. Die resultierende Wahrscheinlichkeitsverteilung ist nur näherungsweise eine Normalverteilung, siehe Abb. 8.3 in *Messunsicherheiten – Grundlagen* [5].

Mit dem Erweiterungsfaktor $k = 2$ ist die erweiterte Messunsicherheit für eine Überdeckungswahrscheinlichkeit $p \approx 95\%$: $U(k = 2) = 0,8525$ mm. Da wir beim Ablesen der Länge l die Zehntelmillimeter durch Interpolation ermittelt haben, runden wir die erweiterte Messunsicherheit auf Zehntelmillimeter: $U(k = 2) = 0,9$ mm. Das Messergebnis ist somit

$$l = (767,5 \pm 0,9)\text{mm} \quad \text{bzw.} \quad l = 767,5(1 \pm 0,12\ \%) \text{ mm}.$$

6.3   Messunsicherheit einer nicht direkt messbaren Größe

Die Erdbeschleunigung g, als nicht direkt messbare Größe, kann mit Hilfe eines Fadenpendels durch Messung der Pendellänge l und der Schwingungsdauer T aus der Beziehung

$$g = F(l, T) = 4\pi^2 \frac{l}{T^2}$$

bestimmt werden. Für die Messung der Schwingungsdauer T und der Pendellänge l standen eine Digital-Stoppuhr bzw. ein Stahlmaßstab zur Verfügung, siehe Abschnitte 6.1 und 6.2:

$$T = (1{,}75647 \pm 0{,}00073) \text{ s}, \quad l = (767{,}5 \pm 0{,}9) \text{ mm}.$$

Nach Gl. (2.14) erhalten wir den Bestwert für die Erdbeschleunigung, indem wir die Bestwerte für Pendellänge und Schwingungsdauer in die obige Formel einsetzen:

$$g_{\text{BE}} = 4\pi^2 \frac{0{,}7675 \text{ m}}{(1{,}75647 \text{ s})^2} = 9{,}821021 \frac{\text{m}}{\text{s}^2}.$$

Kombinierte Standardunsicherheit

Die Eingangsgrößen sind unkorreliert, die Bestimmung der kombinierten Standardunsicherheit $u_c(g)$ aus den Standardunsicherheiten der Eingangsgrößen erfolgt wie in Abschn. 2.2 beschrieben:

$$u_c(g) = \sqrt{\left(\frac{\partial F}{\partial l}\right)^2_{|l=l_{\text{BE}}} u_l^2 + \left(\frac{\partial F}{\partial T}\right)^2_{|T=\bar{T}} u_T^2}.$$

Im vorliegenden Fall ist der Weg über die relative Standardunsicherheit nach Tab. 2.1 zu empfehlen:

$$\frac{u_c(g)}{g} = \sqrt{\left(\frac{u_l}{l}\right)^2 + \left(2\frac{u_T}{T}\right)^2}$$
$$= \sqrt{(0{,}0555\ \%)^2 + 4\,(0{,}0207\ \%)^2} = 0{,}0692\ \%.$$

Da die Schwingungsdauer T quadratisch in die Formel für g eingeht, erhält die relative Standardunsicherheit von T im obigen Ausdruck ein höheres Gewicht gemäß $2^2 = 4$. Den Wert für $u_c(g)$ erhalten wir aus $u_c(g) = \frac{u_c(g)}{g} g_{\text{BE}}$.

Ein etwas höherer Rechenaufwand ergibt sich, wenn wir zuerst die absolute Standardunsicherheit berechnen:

$$u_c(g) = \sqrt{\left(\frac{\partial F}{\partial l}\right)^2_{|l=l_{\mathrm{BE}}} u_l^2 + \left(\frac{\partial F}{\partial T}\right)^2_{|T=\bar{T}} u_T^2} = \sqrt{c_l^2 u_l^2 + c_T^2 u_T^2}.$$

Die beiden Empfindlichkeitskoeffizienten sind

$$c_l = \frac{4\pi^2}{T^2} = \frac{4\pi^2}{(1,75647\ \mathrm{s})^2} = 12,7961\ \frac{1}{\mathrm{s}^2},$$

$$c_T = -2\frac{4\pi^2 l}{T^3} = -2\frac{4\pi^2 0,7675\ \mathrm{m}}{(1,75647\ \mathrm{s})^3} = -11,1827\ \frac{\mathrm{m}}{\mathrm{s}^3}.$$

Wir erhalten

$$u_c(g) = \sqrt{(12,7961 \cdot 0,4263 \cdot 10^{-3})^2 + (-11,1827 \cdot 0,3634 \cdot 10^{-3})^2}\ \frac{\mathrm{m}}{\mathrm{s}^2}$$

$$= 6,802 \cdot 10^{-3}\ \frac{\mathrm{m}}{\mathrm{s}^2}.$$

Messunsicherheitsbudget und Messergebnis

Für die Erdbeschleunigung g gibt es zwei Eingangsgrößen. Deren Bestwerte wurden in direkten Messungen bestimmt. Die Standardunsicherheiten der Längenmessung und der Zeitmessung tragen in etwa demselben Maße zur Unsicherheit von g bei, siehe Messunsicherheitsbudget in Tab. 6.4. Eine Erhöhung des Aufwands bei der Zeitmessung (eine Erhöhung der Anzahl der Schwingungen N oder des Stichprobenumfangs n) würde die Unsicherheit $u_c(g)$ nur unwesentlich verringern. Zu prüfen wäre, ob z. B. die Auftriebskorrektur wirklich vernachlässigbar ist, siehe Beispiel 2.2 in *Messunsicherheiten – Grundlagen* [5].

Die erweiterte Messunsicherheit für eine Überdeckungswahrscheinlichkeit $p \approx$ 95 % ist $U(k=2) = 1,360 \cdot 10^{-2}\ \frac{\mathrm{m}}{\mathrm{s}^2}$. Damit lautet das Messergebnis:

$$g = (9,821 \pm 0,014)\frac{\mathrm{m}}{\mathrm{s}^2}\quad \text{bzw.}\quad g = 9,821(1 \pm 0,14\ \%)\ \frac{\mathrm{m}}{\mathrm{s}^2}.$$

Tab. 6.4 Messunsicherheitsbudget für die Bestimmung der Erdbeschleunigung g

Größe	Kenntnisse	PDF	SC c_i	Unsicherheits-beitrag u_i	Relative Unsicherheit
T	Messreihe, Standardunsicherheit	$\approx N$	$-2 \cdot \frac{4\pi^2 l}{T^3}$	$0{,}3634 \cdot 10^{-3}$ s	$0{,}0207\,\%$
l	Einzelmessung, Standardunsicherheit	$\approx N$	$\frac{4\pi^2}{T^2}$	$0{,}4263$ mm	$0{,}0555\,\%$
g	$g_{\mathrm{BE}} = 9{,}8210\ \frac{\mathrm{m}}{\mathrm{s}^2}$			$6{,}802 \cdot 10^{-3}\ \frac{\mathrm{m}}{\mathrm{s}^2}$	$0{,}069\,\%$

6.4 Korrelierte Eingangsgrößen – gleiches Messgerät für zwei Eingangsgrößen

Es soll das Verhältnis $V = l/b$ der Seiten eines Rechtecks bestimmt werden. Die Länge l und die Breite b des Rechtecks wurden mit demselben Stahlmaßstab der Klasse II jeweils einmal gemessen:

$$l_{\mathrm{read}} = 995{,}3 \text{ mm}, \quad b_{\mathrm{read}} = 598{,}8 \text{ mm}.$$

Da für beide Größen das gleiche Messgerät verwendet wurde, sind die Messabweichungen miteinander korreliert.

Typ B Unsicherheit

Aus Tab. 4.2 entnehmen wir für den Stahlmaßstab Klasse II die Grenzabweichungen $\delta l_{\mathrm{G}} = 0{,}5$ mm und $\delta b_{\mathrm{G}} = 0{,}5$ mm (Rechteckverteilung). Die zufällige Abweichung beim Anlegen des Maßstabs schätzen wir mit maximal $\delta l_{\mathrm{Anl}} = \delta b_{\mathrm{Anl}} = 0{,}5$ mm (Rechteckverteilung) und bei der Ablesung mit $\delta l_{\mathrm{Abl}} = \delta b_{\mathrm{Abl}} = 0{,}3$ mm (Dreiecksverteilung).

Kombinierte Standardunsicherheit

Die Standardunsicherheiten für die Länge und die Breite des Rechtecks sind:

$$u_b = u_l = \sqrt{u^2(\delta l_{\mathrm{Anl}}) + u^2(\delta l_{\mathrm{Abl}}) + u^2(\delta l_{\mathrm{G}})}$$
$$= \sqrt{\left(\frac{0{,}5}{\sqrt{3}}\right)^2 + \left(\frac{0{,}3}{\sqrt{6}}\right)^2 + \left(\frac{0{,}5}{\sqrt{3}}\right)^2}\ \text{mm} = 0{,}4263 \text{ mm}.$$

Für das Verhälnis der Seiten erhalten wir das Ergebnis $V = l/b = 1,662214$. Die kombinierte Standardunsicherheit ist nach Gl. (2.18)

$$u_c(V) = \sqrt{(c_l\, u_l)^2 + (c_b\, u_b)^2 + 2\, c_l\, c_b\, u(\delta l_G)\, u(\delta b_G)\, R_{lb}}.$$

Eine Korrelation liegt ausschließlich zwischen den Abweichungen δl_G und δb_G vor, da der gleiche Stahlmaßstab benutzt wurde. Wir nehmen hier vollständige Korrelation an und setzen den Korrelationskoeffizienten $R_{lb} = 1$.

Die Empfindlichkeitskoeffizienten sind

$$c_l = \frac{\partial V}{\partial l} = \frac{1}{b} = 1,67001\ \frac{1}{m},$$
$$c_b = \frac{\partial V}{\partial b} = -\frac{l}{b^2} = -2,77581\ \frac{1}{m}.$$

Damit ist

$$u_c(V) = \Big((1,67001 \cdot 0,4263)^2 + (-2,77581 \cdot 0,4263)^2$$
$$-2 \cdot 1,67001 \cdot 2,77581 \cdot 0,2887 \cdot 0,2887 \cdot 1 \Big)^{\frac{1}{2}} \cdot 10^{-3}$$
$$= \sqrt{0,50684 + 1,40026 - 0,77274} \cdot 10^{-3} = 1,065 \cdot 10^{-3}.$$

Messunsicherheitsbudget und Messergebnis
Die Standardunsicherheit des Verhältnisses von Länge zu Breite des Rechtecks ist $u_c(V) = 1,065 \cdot 10^{-3}$, siehe Messunsicherheitsbudget Tab. 6.5. Ohne Betrachtung der Korrelation zwischen den systematischen Abweichungen – d. h., für $R_{lb} = 0$ – hätten wir einen etwas größeren Wert von $u_c(V) = 1,381 \cdot 10^{-3}$ erhalten.

Die erweiterte Messunsicherheit für eine Überdeckungswahrscheinlichkeit $p \approx 95\,\%$ ist $U(k=2) = 2,13 \cdot 10^{-3}$. Das Messergebnis lautet

$$V = 1,6622 \pm 0,0022, \quad V = 1,6622\,(1 \pm 0,13\,\%).$$

Tab. 6.5 Messunsicherheitsbudget für die Bestimmung des Verhältnisses $V = l/b$

Größe	Kenntnisse	PDF	SC c_i	Unsicherheits- beitrag u_i	Relative Unsicherheit
l	Standardunsicherheit		$\frac{1}{b}$	$0,4263$ mm	$0,043\,\%$
b	Standardunsicherheit		$-\frac{l}{b^2}$	$0,4263$ mm	$0,071\,\%$
l, b	Kovarianz $u(\delta l_G, \delta b_G)$		$2\frac{1}{b}\left(-\frac{l}{b^2}\right)$	$0,0833$ mm^2	
V	$V_{BE} = 1,662214$			$1,065 \cdot 10^{-3}$	$0,064\,\%$

6.5 Ausgleich von Messwerten durch eine Gerade

Es soll der Elastizitätsmodul E eines Messingstabes bestimmt werden. Für kleine Auslenkungen s eines einseitig waagerecht eingespannten homogenen Stabes der Länge l mit rechteckigem Querschnitt (Höhe h, Breite d) gilt:

$$s = \frac{4\,l^3\,g}{h^3 d\,E} m + s_0,$$

wobei E den Elastizitätsmodul und s_0 den Wert der Auslenkung ohne Belastung bezeichnen. Die Belastung, $F = mg$, wird stufenweise erhöht. Zur Auswertung soll eine lineare Ausgleichsrechnung, Abschn. 2.3, genutzt werden.

Die Auslenkungen, siehe Tab. 6.6 und Abb. 6.2, werden an einem Stahlmaßstab mit mm-Teilung abgelesen. Die Unsicherheit der eingestellten Werte der Massen, m_i, kann gegenüber der Unsicherheit der gemessenen Auslenkungen als vernachlässigbar klein angesehen werden, die Massen werden demzufolge der x-Achse zugeordnet. Die Ausgleichsrechnung zur Bestimmung der Geraden $s = A \cdot m + B$, mit

$$A \equiv \frac{4\,l^3\,g}{h^3 d\,E} \quad \text{und} \quad B \equiv s_0,$$

ergibt die Bestwerte $a = 0,152107\ \frac{mm}{g}$ und $b = 40,3248$ mm. Die Standardabweichungen der Parameter a und b sind $s_a = 1,11 \cdot 10^{-3}$ mm/g und $s_b = 0,101$ mm.

Der Elastizitätsmodul E ist dann durch

$$E = \frac{1}{a}\frac{4\,l^3\,g}{h^3 d}$$

Tab. 6.6 Messwerte für die angehängten Massen und Auslenkungen

i	1	2	3	4	5	6	7	8
$\frac{m_i}{g}$	10	20	30	40	50	60	70	80
$\frac{s_i}{mm}$	42,0	43,0	45,1	46,3	47,8	49,6	50,9	52,8
i	9	10	11	12	13	14	15	
$\frac{m_i}{g}$	90	100	110	120	130	140	150	
$\frac{s_i}{mm}$	53,9	55,5	57,3	58,5	60,0	61,6	63,1	

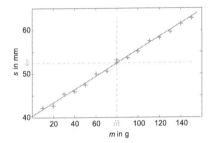
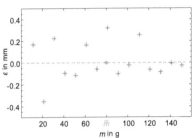

Abb. 6.2 Linke Abbildung: Auslenkung s als Funktion der angehängten Masse m. Die eingezeichnete Gerade $s = am + b$ gleicht die Messpunkte nach dem Prinzip der kleinsten Quadrate bestmöglich aus und geht durch den Mittelpunkt $P_M(\bar{m}, \bar{s})$ der Messpunkte. Rechte Abbildung: Darstellung der Residuen, $\varepsilon_i = s_i - (am_i + b)$

bestimmt. Die Werte der weiteren Eingangsgrößen wurden wie folgt gemessen:

$$l = (802{,}0 \pm 0{,}9)\,\text{mm}, \quad \text{Messung mit Holzmaßstab Klasse II,}$$

$$h = (5{,}989 \pm 0{,}007)\,\text{mm}, \quad \text{Messung mit Bügelmessschraube,}$$

$$d = (5{,}998 \pm 0{,}007)\,\text{mm}, \quad \text{Messung mit Bügelmessschraube.}$$

Für die Erdbeschleunigung wird der Wert $g = 9{,}814\,\text{m/s}^2$ benutzt. Die Rundungsunsicherheit von ca. 0,005 % ist im Vergleich zu den anderen Unsicherheiten vernachlässigbar klein.

Mit diesen Angaben kann nunmehr der Elastizitätsmodul berechnet werden:

$$E = \frac{1}{a}\frac{4\,l^3\,g}{h^3 d} = \frac{4\,(802 \cdot 10^{-3}\,\text{m})^3 \cdot 9{,}814\,\frac{\text{m}}{\text{s}^2}}{0{,}152107\,\frac{\text{mm}}{\text{g}} \cdot (5{,}989 \cdot 10^{-3}\,\text{m})^3 \cdot 5{,}998 \cdot 10^{-3}\,\text{m}}$$

$$= 103{,}33\,\text{GPa}.$$

Kombinierte Standardunsicherheit

Die Formel für E stellt ein Produkt von Potenzfunktionen dar. Die Berechnung der kombinierten Standardunsicherheit erfolgt zweckmäßigerweise über die relativen Standardunsicherheiten:

$$\frac{u_c(E)}{E} = \sqrt{\left(\frac{s_a}{a}\right)^2 + \left(3\frac{u_l}{l}\right)^2 + \left(3\frac{u_h}{h}\right)^2 + \left(\frac{u_d}{d}\right)^2}$$
$$= \sqrt{(0{,}7298\ \%)^2 + 3^2\,(0{,}0532\ \%)^2 + 3^2\,(0{,}0515\ \%)^2 + (0{,}0514\ \%)^2}$$
$$= 0{,}765\ \%.$$

Tab. 6.7 Messunsicherheitsbudget für die Messung des Elastizitätsmoduls E. In der Spalte „Empfindlichkeit" steht die Potenz, mit der die Eingangsgröße in die Formel für E eingeht

Größe	Kenntnisse	PDF	SC c_i	Unsicherheits-beitrag u_i	Relative Unsicherheit
A	Messreihe, $\nu = 13$, $a = 0{,}152107\ \frac{mm}{g}$	N	-1	$1{,}11 \cdot 10^{-3}\ \frac{mm}{g}$	$0{,}7298\ \%$
δl_{read}	Einzelmessung, Schätzwert: 0,3 mm	D		$0{,}1225$ mm	
δl_G	Holzmaßstab, Klasse II: 0,5 mm	R		$0{,}2887$ mm	
δl_{Anl}	Anlegen, Schätzwert: 0,5 mm	R		$0{,}2887$ mm	
l	$l_{BE} = 802{,}0$ mm		3	$0{,}4262$ mm	$0{,}0532\ \%$
δh_{read}	Einzelmessung, Schätzwert: 0,005 mm	D		$2{,}041 \cdot 10^{-3}$ mm	
δh_G	Bügelmessschraube, 0,004 mm	R		$2{,}309 \cdot 10^{-3}$ mm	
h	$h_{BE} = 5{,}989$ mm		-3	$3{,}082 \cdot 10^{-3}$ mm	$0{,}0515\ \%$
δd_{read}	Einzelmessung, Schätzwert: 0,005 mm	D		$2{,}041 \cdot 10^{-3}$ mm	
δd_G	Bügelmessschraube, 0,004 mm	R		$2{,}309 \cdot 10^{-3}$ mm	
d	$d_{BE} = 5{,}998$ mm		-1	$3{,}082 \cdot 10^{-3}$ mm	$0{,}0514\ \%$
E	$E_{BE} = 103{,}33$ GPa	$\approx$ N		$0{,}7899$ GPa	$0{,}765\ \%$

Messunsicherheitsbudget und Messergebnis
Für die Bestimmung des Elastizitätsmoduls E eines Messingstabes wurden dessen Abmessungen l, h und d bestimmt. Ferner wurde in einer Messreihe die Auslenkung als Funktion der auslenkenden Kraft untersucht und mit einer linearen Ausgleichsrechnung ausgewertet. Den dominierenden Einfluss auf die Unsicherheit des Ergebnisses für E hat die Unsicherheit des Geradenanstiegs, d. h. die Messung der Auslenkungen s, siehe Messunsicherheitsbudget Tab. 6.7. Die relativen Unsicherheiten der anderen Einflussgrößen sind um eine Größenordnung kleiner und tragen wegen der quadratischen Fortpflanzung nur wenig zum Ergebnis bei.

Die erweiterte Messunsicherheit für eine Überdeckungswahrscheinlichkeit $p \approx$ 95 % ist $U(k = 2) = 1{,}580$ GPa. Damit lautet das Messergebnis:

$$E = (103{,}3 \pm 1{,}6) \text{ GPa} \quad \text{bzw.} \quad E = 103{,}3(1 \pm 1{,}6\,\%) \text{ GPa.}$$

6.6   Mittelwert von Messwerten ungleicher Genauigkeit

In einem Vorversuch zum Beispiel 6.1 wurde eine Messreihe von 10 Messungen für jeweils 10 Schwingungen aufgenommen, siehe Tab. 6.8.

Die Auswertung, wie in Abschn. 6.1, ergibt: $\bar{T}_{10} = 1{,}7592$ s, $u_c = 0{,}269 \cdot 10^{-2}$ s, $u_c / \bar{T}_{10} = 0{,}16\,\%$. Somit ist das Messergebnis $T_{10} = (1{,}7592 \pm 0{,}0054)$s. Die Messreihe mit jeweils 30 Schwingungen, Abschn. 6.1, hatte das Ergebnis: $T_{30} = (1{,}75647 \pm 0{,}00073)$s.

Aus den Ergebnissen der beiden Messreihen, die an derselben Messapparatur aufgenommen wurden, sind der gewichtete Mittelwert und innere und äußere Messunsicherheit zu berechnen. Die Diskrepanz zwischen den beiden Messwerten, $|T_{30} - T_{10}| = 2{,}7 \cdot 10^{-3}$ s, ist kleiner als die Summe der Messunsicherheiten, $U_{T_{30}} + U_{T_{10}} = 6{,}1 \cdot 10^{-3}$ s, und somit nicht signifikant.

Es kann ein gewichteter Mittelwert der beiden Größen gebildet werden. Die Gewichte sind

$$w_{10} = \frac{1}{u_c^2(T_{10})} = 1{,}3820 \cdot 10^5 \text{ s}^{-2}, \qquad w_{30} = \frac{1}{u_c^2(T_{30})} = 7{,}5723 \cdot 10^6 \text{ s}^{-2}.$$

Tab. 6.8 Messreihe: Zeit für jeweils 10 Schwingungen

t/s	17,69	17,47	17,53	17,62	17,59	17,72	17,50	17,65	17,53	17,62

Der gewichtete Mittelwert wird damit

$$\bar{T} = \frac{w_{10}\bar{T}_{10} + w_{30}\bar{T}_{30}}{w_{10} + w_{30}} = 1{,}75655 \text{ s.} \qquad (6.1)$$

Durch den Umstand, dass die Messunsicherheit von T_{10} nahezu 10 mal so groß ist wie die von T_{30}, hat T_{10} keinen merklichen Einfluss bei der Mittelwertbildung.

Die interne Standardunsicherheit (2.30) ist

$$u_{\text{int}}(\bar{T}) = \frac{1}{\sqrt{w_{10} + w_{30}}} = 0{,}360 \cdot 10^{-3} \text{ s.} \qquad (6.2)$$

Die externe Standardunsicherheit (2.31),

$$u_{\text{ext}}(\bar{T}) = \sqrt{\frac{w_{10}(\bar{T}_{10} - \bar{T})^2 + w_{30}(\bar{T}_{30} - \bar{T})^2}{1 \cdot (w_{10} + w_{30})}} = 0{,}358 \cdot 10^{-3} \text{ s,}$$

unterscheidet sich nur unwesentlich davon.

Die erweiterte Unsicherheit für $p \approx 95\ \%$ ist $U(k = 2) = 2 \cdot u_{\text{int}}(T) = 0{,}720 \cdot 10^{-3}$ s. Das Ergebnis der Wichtung der beiden Messwerte lautet:

$$T = (1{,}75655 \pm 0{,}00072)\text{s} \quad \text{bzw.} \quad T = 1{,}75655(1 \pm 0{,}041\ \%) \text{ s.}$$

Was Sie aus diesem *essential* mitnehmen können

- Messunsicherheiten von Größen, die aus Messreihen resultieren, werden mit statistischen Methoden berechnet (Typ A Auswertung). In den anderen Fällen wird eine Standardunsicherheit aus den verfügbaren Informationen (Grenzabweichungen, Kalibrierscheine, Schätzwerte usw.) unter Berücksichtigung der zugeordneten Wahrscheinlichkeitsverteilung ermittelt (Typ B Auswertung).
- Aus den Typ A und Typ B Standardunsicherheiten werden die kombinierte und die erweiterte Messunsicherheit nach klar definierten Regeln berechnet.
- Das Messunsicherheitsbudget fasst alle wesentlichen Daten, die zur Berechnung der Unsicherheit der Ergebnisgröße herangezogen werden, in einer Übersicht zusammen und macht die Auswertung des Experimentes unmittelbar nachvollziehbar.
- Die Messunsicherheit als Bestandteil des Messergebnisses liefert die Grundlage sowohl für die Vergleichbarkeit und Akzeptanz von Messergebnissen als auch für Entscheidungen, die durch ihre Kenntnis geprägt werden.

© Der/die Herausgeber bzw. der/die Autor(en), exklusiv lizenziert durch Springer Fachmedien Wiesbaden GmbH, ein Teil von Springer Nature 2020
T. Bornath und G. Walter, *Messunsicherheiten – Anwendungen*, essentials,
https://doi.org/10.1007/978-3-658-30565-9

Modellverteilungen für Eingangsgrößen

Zufallsvariable können durch die Verteilungsfunktion F charakterisiert werden. F gibt die Wahrscheinlichkeit an, dass die Zufallsvariable einen Wert bis zu einer vorgegebenen Schranke annimmt. Bei stetigen (kontinuierlichen) Zufallsvariablen ist eine weitere wichtige Größe die Wahrscheinlichkeitsdichtefunktion f. Die Verteilungsfunktion $F(x)$ ergibt sich aus f durch das folgende Integral:

$$F(x) = P(X \leq x) = \int\limits_{-\infty}^{x} f_X(\tilde{x}) \, d\tilde{x}. \tag{A.1}$$

Auch wichtige Kennzahlen der Zufallsvariablen, insbesondere der Erwartungswert μ und die Varianz σ^2, lassen sich aus der Wahrscheinlichkeitsdichtefunktion berechnen, ausführlich wird dies in unserem Essential *Messunsicherheiten – Grundlagen* [5], Anhang A, behandelt.

Von den Wahrscheinlichkeitsverteilungen stetiger Zufallsvariabler finden im Physikalischen Praktikum insbesondere die Normalverteilung, die Gleichverteilung und die Dreiecksverteilung Anwendung, von den diskreten Wahrscheinlichkeitsverteilungen die Poisson-Verteilung.

Normalverteilung
Wahrscheinlichkeitsdichtefunktion:

$$G(x|\mu, \sigma) = \frac{1}{\sigma\sqrt{2\pi}} e^{-\frac{(x-\mu)^2}{2\sigma^2}},$$

mit dem Erwartungswert μ und der Standardunsicherheit $u = \sigma$.

© Der/die Herausgeber bzw. der/die Autor(en), exklusiv lizenziert durch Springer Fachmedien Wiesbaden GmbH, ein Teil von Springer Nature 2020
T. Bornath und G. Walter, *Messunsicherheiten – Anwendungen*, essentials, https://doi.org/10.1007/978-3-658-30565-9

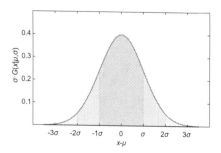

Abb. A.1 Wahrscheinlichkeitsdichtefunktion einer normalverteilten Variablen als Funktion von $(x-\mu)$. Eingezeichnet sind zwei charakteristische Intervalle für $F(\mu-\sigma \leq x \leq \mu+\sigma) = 68{,}27\%$ und $F(\mu - 2\sigma \leq x \leq \mu + 2\sigma) = 95{,}45\%$

Rechteckverteilung

Wahrscheinlichkeitsdichtefunktion:

$$U(x|a_-, a_+) = \frac{1}{a_+ - a_-} = \frac{1}{2a}, \quad \text{für} \quad a_- \leq x \leq a_+$$

$$U(x|a_-, a_+) = 0 \qquad\qquad \text{sonst.}$$

Breite: $2a = a_+ - a_-$

Erwartungswert: $\mu = \frac{1}{2}(a_+ + a_-)$

Standardunsicherheit: $u = \frac{1}{\sqrt{3}}a$

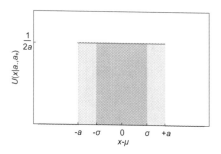

Abb. A.2 Wahrscheinlichkeitsdichtefunktion einer gleichverteilten Variablen als Funktion von $(x - \mu)$. Eingezeichnet ist das Intervall mit $P(\mu - \sigma \leq x \leq \mu + \sigma) = 57{,}57\%$. Eine Wahrscheinlichkeit von etwa 95 % ergibt sich im Intervall $[\mu - 1{,}65\sigma, \mu + 1{,}65\sigma]$

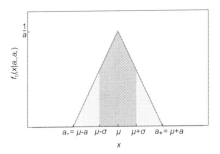

Abb. A.3 Wahrscheinlichkeitsdichtefunktion einer dreiecksverteilten Variablen als Funktion von x. Eingezeichnet ist das Intervall mit $P(\mu - \sigma \leq x \leq \mu + \sigma) = 64{,}98\%$. Eine Wahrscheinlichkeit von etwa 95 % ergibt sich im Intervall $[\mu - 1{,}9\sigma, \mu + 1{,}9\sigma]$

Dreiecksverteilung

Wahrscheinlichkeitsdichtefunktion:

$$f_D(x|a_-, a_+) = \frac{1}{a}\frac{x - a_-}{\mu - a_-}, \quad \text{für} \quad a_- \leq x \leq \mu$$

$$= \frac{1}{a}\frac{a_+ - x}{a_+ - \mu}, \quad \text{für} \quad \mu < x \leq a_+$$

$$= 0 \qquad\qquad \text{sonst.}$$

Breite: $2a = a_+ - a_-$

Erwartungswert: $\mu = \frac{1}{2}(a_+ + a_-)$

Standardunsicherheit: $u = \frac{1}{\sqrt{6}}a$

Poisson-Verteilung

Wahrscheinlichkeiten für ν Ereignisse:

$$P(\nu|\lambda) = \frac{\lambda^\nu}{\nu!}e^{-\lambda}$$

Erwartungswert: λ

Standardunsicherheit: $u = \sqrt{\lambda}$

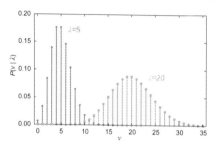

Abb. A.4 Wahrscheinlichkeiten $P(v|\lambda)$ für Poisson-Verteilungen mit $\lambda = 5$ und $\lambda = 20$

Glossar

Auflösung Die kleinste Änderung der gemessenen oder gelieferten Größe, für die ein Zahlenwert ohne Interpolation bestimmt werden kann. (DIN 43751)

Ausgangsgröße Größe, die am Ausgang eines Messgerätes, einer Messeinrichtung oder einer Messkette als Antwort auf die erfasste Eingangsgröße vorliegt. (DIN 1319)

Digit Wird im Sinne von **Ziffernschritt** gebraucht.

Eichung Eine behördliche oder auf behördliche Veranlassung erfolgende Prüfung, Bewertung und Kennzeichnung eines Messgerätes. Sie ist mit der Erlaubnis verbunden, das Messgerät im Rahmen des vorgesehenen Verwendungszwecks und unter den entsprechenden Verwendungsbedingungen innerhalb der Eichfrist zu verwenden. (Mess- und Eichgesetz, §3)

Eichwert e Wird bei eichfähigen Waagen auf dem Typenschild angegeben, bei Waagen der Klassen I und II liegt e zwischen $1\,d$ und $10\,d$ (d – Ziffernschritt). Die Grenzabweichungen in verschiedenen Belastungsbereichen werden auf den Eichwert bezogen.

Eigenabweichung In der elektrischen Messtechnik gebräuchlich: Die Messabweichung eines Messgerätes oder eines Ausgabegerätes, welches unter Referenzbedingungen betrieben wird. (DIN 43751)

Eingangsgröße Messgröße oder andere Größe, von der Daten in die Auswertung von Messungen eingehen. (DIN 1319)

Eingangsgröße (eines Messgerätes) Größe, die von einem Messgerät, einer Messeinrichtung oder einer Messkette am Eingang wirkungsmäßig erfasst werden soll. (DIN 1319)

Einflussgröße Größe, die nicht Gegenstand der Messung ist, jedoch die Messgröße oder die Ausgabe beeinflusst. (DIN 1319)

Ergebnisgröße Messgröße als Ziel der Auswertung von Messungen. (DIN 1319)

Fehlergrenze In neueren Normen durch den Begriff **Grenzabweichung** ersetzt.

T. Bornath und G. Walter, *Messunsicherheiten – Anwendungen*, essentials, https://doi.org/10.1007/978-3-658-30565-9

Fehlergrenze im Eichwesen Ist die beim Inverkehrbringen und bei der Eichung eines Messgerätes zulässige Abweichung der Messergebnisse des Messgerätes vom richtigen Wert. (Mess- und Eichgesetz, §3)

Grenzabweichung Grenzbetrag für Messabweichungen eines Messgerätes. Ersetzt den alten Begriff *Fehlergrenze*. (DIN EN 60751)

Justierung Einstellen oder Abgleichen eines Messgerätes, um systematische Messabweichungen so weit zu beseitigen, wie es für die vorgesehene Anwendung erforderlich ist. (DIN 1319)

Kalibrierung Ermitteln des Zusammenhangs zwischen Messwert oder Erwartungswert der Ausgangsgröße und dem zugehörigen wahren oder richtigen Wert der als Eingangsgröße vorliegenden Messgröße für eine betrachtete Messeinrichtung bei vorgegebenen Bedingungen. (DIN 1319)

Messabweichung Die Anzeige eines Messgerätes minus dem **richtigen Wert** der Messgröße. (DIN 43751)

Messgröße Physikalische Größe, der die Messung gilt. (DIN 1319)

Messobjekt Träger der Messgröße. (DIN 1319)

Maßverkörperung Gerät, das einen oder mehrere feste Werte einer Größe darstellt oder liefert. (DIN 1319)

MPE Abkürzung für *Maximum Permissible Error*. Bedeutet **Grenzabweichung** bzw. Fehlergrenze.

PDF Abkürzung für *Probability density function*. Bedeutet Wahrscheinlichkeitsdichtefunktion.

Richtiger Wert Bekannter Wert für Vergleichszwecke, dessen Abweichung vom wahren Wert für den Vergleichszweck als vernachlässigbar betrachtet wird. (DIN 1319)

SC In diesem Buch Abkürzung für *Sensivity coefficient*. Bedeutet Empfindlichkeitskoeffizient.

Skalenteilungswert (Teilungswert) Betrag der Differenz zwischen den Werten, die zwei aufeinander folgenden Teilstrichen oder zwei aufeinander folgenden Ziffern entsprechen. (DIN 1319)

Teilungsschritt Insbesondere für Waagen im Sinne von **Ziffernschritt** gebräuchlich.

Verkehrsfehlergrenze Begriff aus dem Eichwesen. Ist die beim Verwenden eines Messgerätes zulässige Abweichung der Messergebnisse des Messgerätes vom richtigen Wert. (Mess- und Eichgesetz, §3)

Verkörperte Längenmaße Geräte mit Einteilungsmarken, deren Abstände in gesetzlichen Längenmaßeinheiten angegeben sind. (Richtlinie 2014/32/EU)

Wahrer Wert Wert der Messgröße als Ziel der Auswertung von Messungen der Messgröße. (DIN 1319)

Wiederholbedingungen Bedingungen, unter denen wiederholt einzelne Messwerte für dieselbe spezielle Messgröße unabhängig voneinander so gewonnen werden, dass die systematische Messabweichung für jeden Messwert die gleiche bleibt. (DIN 1319)

Ziffernschritt (Digit) Sprung zwischen zwei aufeinander folgenden Zahlen der letzten Stelle einer Ziffernskale. Wird auch als Stelle niedrigster Auflösung oder *least significant digit* (LSD) bezeichnet. (DIN 1319)

Ziffernschrittwert Der um die Einheit der Messgröße ergänzte Ziffernschritt.

Ziffernumfang Der Bereich, der von der Anzeige maximal dargestellt werden kann; er muss nicht mit dem Messbereich übereinstimmen. (DIN 43751)

Literatur

1. Gränicher, W. H., und Heini. 1996. *Messung beendet – was nun?* Zürich: vdf Hochschulverlag AG an der ETH Zürich, Stuttgart: Teubner.
2. Drosg, M. 2009. *Dealing with uncertainties.* Berlin: Springer-Verlag.
3. Möhrke, P., und B.-U. Runge. 2020. *Arbeiten mit Messdaten.* Berlin: Springer Nature.
4. ISO/IEC Guide 98-3:2008. Uncertainty of measurement – Part 3: Guide to the expression of uncertainty in measurement (GUM:1995). https://www.iso.org/standard/50461.html. Zugegriffen: 5. Mai 2020.
5. Bornath, T., und G. Walter. 2020. *Messunsicherheiten – Grundlagen. Für das Physikalische Praktikum.* Berlin: Springer Nature.

Printed in the United States
By Bookmasters